国家级工程训练示范中心"十二五"规划教材

杨有刚　张　炜　主编
傅水根　主审

工程训练基础

U0288314

清华大学出版社
北　京

内 容 简 介

本书根据非机械人才的知识结构和思维特点,从制造的发展进程将读者引入制造世界,了解制造在国民经济、社会发展中的作用;以机械制造为载体,用学生身边的具体实例让学生认识制造,了解机械制造全过程和常见制造工艺。

版权所有,侵权必究。侵权举报电话:010-62782989 13701121933

图书在版编目(CIP)数据

工程训练基础/杨有刚,张炜主编.--北京:清华大学出版社,2012.1(2017.2 重印)
(国家级工程训练示范中心"十二五"规划教材)
ISBN 978-7-302-27730-9

Ⅰ.①工… Ⅱ.①杨… ②张… Ⅲ.①工业技术-高等学校-教材 Ⅳ.①T

中国版本图书馆 CIP 数据核字(2011)第 277190 号

责任编辑:庄红权
责任校对:王淑云
责任印制:杨 艳

出版发行:清华大学出版社
　网　　址:http://www.tup.com.cn,http://www.wqbook.com
　地　　址:北京清华大学学研大厦 A 座　　邮　　编:100084
　社 总 机:010-62770175　　　　　　　　邮　　购:010-62786544
　投稿与读者服务:010-62776969,c-service@tup.tsinghua.edu.cn
　质 量 反 馈:010-62772015,zhiliang@tup.tsinghua.edu.cn
印 装 者:三河市春园印刷有限公司
经　　销:全国新华书店
开　　本:185mm×260mm　　　印　张:10　　　字　数:237 千字
版　　次:2012 年 1 月第 1 版　　　　　　印　次:2017 年 2 月第 8 次印刷
印　　数:20001～21000
定　　价:22.00 元

产品编号:045317-02

本书编委会名单

主　编

　　杨有刚（西北农林科技大学）

　　张　炜（西北农林科技大学）

副主编

　　董　欣（东北农业大学）

　　佘永卫（宁夏大学）

　　邢泽炳（山西农业大学）

　　张　炜（甘肃农业大学）

参　编

　　杨中平（西北农林科技大学）

　　冯　涛（西北农林科技大学）

　　冯　凌（西北农林科技大学）

　　赵友亮（西北农林科技大学）

　　张秀全（山西农业大学）

　　李元强（东北农业大学）

主　审

　　傅水根（清华大学）

序 言

自国家的"十五"规划开始，我国高等学校的教材建设就出现了生机蓬勃的局面，工程训练领域也是如此。面对高等学校高素质、复合型和创新型的人才培养目标，工程训练领域的教材建设需要在体系、内涵以及教学方法上深化改革。

以上情况的出现，是在国家相应政策的主导下，源于两个方面的努力：一是教师在教学过程中，深深感到教材建设对人才培养的重要性和必要性，以及教材深化改革的客观可能性；二是出版界对工程训练类教材建设的积极配合。在国家"十五"期间，工程训练领域有5部教材列入国家级教材建设规划；在国家"十一五"期间，约有60部教材列入国家级"十一五"教材建设规划。此外，还有更多的尚未列入国家规划的教材已正式出版。对于国家"十二五"规划，我国工程训练领域的同仁，对教材建设有着更多的追求与期盼。

随着世界银行贷款高等教育发展项目的实施，自1997年开始，在我国重点高校建设11个工程训练中心的项目得到了很好的落实，从而使我国的工程实践教学有机会大步跳出金工实习的原有圈子。训练中心的实践教学资源逐渐由原来热加工的铸造、锻压、焊接和冷加工的车、铣、刨、磨、钳等常规机械制造资源，逐步向具有丰富优质实践教学资源的现代工业培训的方向发展。全国同仁紧紧抓住这百年难遇的机遇，经过10多年的不懈努力，终于使我国工程实践教学基地的建设取得了突破性进展。在2006—2009年期间，国家在工程训练领域共评选出33个国家级工程训练示范中心或建设单位，以及一大批省市级工程训练示范中心，这不仅标志着我国工程训练中心的发展水平，也反映出教育部对我国工程实践教学的创造性成果给予了充分肯定。

经过多年的改革与发展，以国家级工程训练示范中心为代表的我国工程实践教学发生了以下10个方面的重要进展：

（1）课程教学目标和工程实践教学理念发生重大转变。在课程教学目标方面，将金工实习阶段的课程教学目标"学习工艺知识，提高动手能力，转变思想作风"转变为"学习工艺知识，增强工程实践能力，提高综合素质，培养创新精神和创新能力"；凝练出"以学生为主体，教师为主导，实验技术人员和实习指导人员为主力，理工与人文社会学科相贯通，知识、素质和能力协调发展，着重培养学生的工程实践能力、综合素质和创新意识"的工程实践教学理念。

（2）将机械和电子领域常规的工艺实习转变为在大工程背景下，包括机械、电子、计算机、控制、环境和管理等综合性训练的现代工程实践教学。

（3）将以单机为主体的常规技术训练转变为部分实现局域网络条件下，拥有先进铸造技术、先进焊接技术和先进钣金成形技术，以及数控加工技术、特种加工技术、快速原型技术和柔性制造技术等先进制造技术为一体的集成技术训练。

（4）将学习技术技能和转变思想作风为主体的训练模式转变为集知识、素质、能力和创新实践为一体的综合训练模式,并进而实现模块式的选课方案,创新实践教学在工程实践教学中逐步形成独有的体系和规模,并发展出得到广泛认可的全国工程训练综合能力竞赛。

(5) 将基本面向理工类学生转变为除理工外,同时面向经济管理、工业工程、工艺美术、医学、建筑、新闻、外语、商学等尽可能多学科的学生。使工程实践教学成为理工与人文社会学科交叉与融合的重要结合点,使众多的人文社会学科的学生增强了工程技术素养,不仅成为我国高校工程实践教学改革的重要方向,并开始纳入我国高校通识教育和素质教育的范畴,使愈来愈多的学生受益。

(6) 将面向低年级学生的工程训练转变为本科 4 年不断线的工程训练和研究训练,开始发展针对本科毕业设计,乃至硕士研究生、博士研究生的高层人才培养,为将基础性的工程训练向高层发展奠定了基础条件。

(7) 由单纯重视完成实践教学任务转变为同时重视教育教学研究和科研开发,用教学研究来提升软实力和促进实践教学改革,用科研成果的转化辅助实现实验技术与实验方法的升级。

(8) 实践教学对象由针对本校逐渐发展到立足本校、服务地区、面向全国,实现优质教学资源共享,并取得良好的教学效益和社会效益。

(9) 建立了基于校园网络的中心网站,不仅方便学生选课,有利于信息交流与动态刷新,而且实现了校际间的资源共享。

(10) 卓有成效地建立了国际国内两个层面的学术交流平台。在国际,自 1985 年在华南理工大学创办首届国际现代工业培训学术会议开始,规范地实现了每 3 年举办一届。在国内,自 1996 年开始,由教育部工程材料及机械制造基础课指组牵头的学术扩大会议(邀请各大区金工研究会理事长参加)每年举办一次,全国性的学术会议每 5 年一次;自 2007 年开始,国家级实验教学示范中心联席会工程训练学科组牵头的学术会议每年两次;各省市级金工研究会牵头举办的学术会议每年一次,跨省市的金工研究会学术会议每两年一次。

丰富而优质的实践教学资源,给工程训练领域的系列课程建设带来极大的活力,而系列课程建设的成功同样积极推动着教材建设的前进步伐。

面对目前工程训练领域已有的系列教材,本规划教材究竟希望达到怎样的目标? 又可能具备哪些合理的内涵呢? 个人认为,应尽可能将工程实践教学领域所取得的重大进展,全面反映和落实在具有下列内涵的教材建设上,以适应大面积的不同学科、不同专业的人才培养要求。

(1) 在通识教育与素质教育方面。面对少学时的工程类和人文社会学科类的学生,需要比较简明、通俗的"工程认知"或"实践认知"方面的教材,使学生在比较短时间的实践过程中,有可能完成课程教学基本要求。应该看到,学生对这类教材的要求是比较迫切的。

(2) 在创新实践教学方面。目前,我们在工程实践教学领域,已建成"面上创新、重点创新和综合创新"的分层次创新实践教学体系。虽然不同类型学校所开创的创新实践教学体系的基本思路大体相同,但其核心内涵必然会有较大的差异,这就需要通过内涵和风格各异的教材充分展现出来。

(3) 在先进技术训练方面。正如我们所看到的那样,机械制造技术中的数控加工技术、特种加工技术、快速原型技术、柔性制造技术和新型的材料成形技术,以及电子设计和工艺中的电子设计自动化技术(EDA)、表面贴装技术和自动焊接技术等已经深入工程训练的许多教学环节。这些处于发展中的新型机电制造技术,如何用教材的方式全面展现出来,仍然需要我们付出艰苦的努力。

(4)在以项目为驱动的训练方面。在世界范围的工程教育领域,以项目为驱动的教学组织方法已经显示出强大的生命力,并逐渐深入工程训练领域。但是,项目训练法是一种综合性很强的教学组织法,不仅对教师的要求高,而且对经费的要求多。如何克服项目训练中的诸多困难,将处于探索中的项目驱动教学法继续深入发展,并推广开去,使更多的学生受益,同样需要教材作为一种重要的媒介。

(5)在全国大学生工程训练综合能力竞赛方面。2009年和2011年在大连理工大学举办的两届全国大学生工程训练综合能力竞赛,开创了工程训练领域无全国性赛事的新局面。赛事所取得的一系列成功,不仅昭示了综合性工程训练在我国工程教育领域的重要性,同时也昭示了综合性工程训练所具有的创造性。从赛事的命题,直到组织校级、省市级竞赛,最后到组织全国大赛,不仅吸引了数量众多的学生,而且提升了参与赛事的众多教师的指导水平,真正实现了我们所长期企盼的教学相长。这项重要赛事,不仅使我们看到了学生的创造潜力,教师的创造潜力,而且看到了工程训练的巨大潜力。以这两届赛事为牵引,可以总结归纳出一系列有价值的东西,来推进我国的高等工程教育深化改革,来推进复合型和创造型人才的培养。

总之,只要我们主动实践、积极探索、深入研究,就会发现,可以纳入本规划教材编写视野的内容,很可能远远超出本序言所囊括的上述5个方面。教育部工程材料及机械制造基础课程教学指导组经过近10年的努力,所制定的课程教学基本要求,也只能反映出我国工程实践教学的主要进展,而不能反映出全部进展。

我国工程训练中心建设所取得的创造性成果,使其成为我国高等工程教育改革不可或缺的重要组成部分。而其中的教材建设,则是将这些重要成果进一步落实到与学生学习过程紧密结合的层面。让我们共同努力,为编写出工程训练领域高质量、高水平的系列新教材而努力奋斗!

清华大学 傅水根

2011年6月26日

前 言

FOREWORD

  为适应高层次复合型人才对实践应用能力和创新能力的培养需求,针对农科类非机械工程专业学生的特点,结合当前工程训练课程教学改革的实践,我们编写修订了这本工程训练基础教材。

  现代科学技术的综合性和多学科交叉的特征,使社会对人才的需求呈现出多样化、多层次和复合化的新趋势、新特点,现代工业技术的应用领域不断扩大。比如,早期的农业生产,应用工业技术实现了农业机械化,进而实现了农业的规模化生产,农业机械的工业技术是建设现代农业必不可少的重要条件。而现代农业应用现代工业信息技术实现了精准化和规模化,而且可以实现专家远程实时诊断,达到优质、高产、低消耗。各行业、各领域的从业人员只有具备一些必要的现代工业制造技术,才能创新出成果,才不会被现代社会所淘汰。

  制造是涉及产品设计、物料选择、生产计划、生产过程、质量保证、经营管理、市场销售和服务的一系列相关活动和工作。我国是制造大国,但要成为制造强国和保持高速发展,还需高等教育提供源源不断的各领域、各层次的创新型人才。

  有鉴于此,本书对原来工程训练指导书进行了修订,在传统制造技术的基础上,注重传统和现代制造技术的结合。特别是在以下几个方面做了一些尝试,以期有助于学生对知识的理解、技能的培养和创新意识的增强。

  (1) 注重基本技能的培养。针对非机械类专业的特点,本教材力求"面粗点细",即除基础知识外,具有较高难度、深度和专业性太强的内容被删减,而部分重点知识技能力求具体翔实。如:液态金属成形部分,忽略了铸件结构工艺性和工艺设计的相关内容;冷加工中,重点在车工上,学时数多的要求熟练掌握外圆、螺纹的车削,学时数少的只要求熟练掌握外圆的车削。

  (2) 理顺知识编排顺序,培养逻辑思维能力。按照先简单后复杂的顺序来导出知识点,在每个工种之后比较该工种的优劣、最佳适用范围,利于学生思考、理解和掌握。

  (3) 培养分析、解决问题的能力。在前一章节中有意识地提出该加工方法的不足和限制范围,结合书中给出的实例,启发学生寻求更理想的工艺方法,并且简述每种成形方法的起源,以提高学生的学习兴趣并激发他们的创新意识。

  (4) 培养善于联想的习惯。将抽象的概念具体化、生活化,有利于学生理解、记忆,并培养学生的人文素养。书中简述每种成形方法的历史起源、常规成形工艺到特种成形方法的发展历程,由古人和外国人的成就激发学生的创新性和学习兴趣。

  (5) 在老师辅导下,以学生自主学习、思考和训练为主,培养学生的工程素养以及分析问题、解决问题的习惯与能力。如首先讲解某种成形方法的基本原理和工艺过程;其次让学生根据所给问题,经过思考与讨论,找出相关制件的特点;最后寻求解决问题的办法。

本书编写过程中参阅了杨中平、潘天丽等老师以及有关院校、工厂、科研院所的一些教材、文献和资料,并得到了西北农林科技大学教务处领导、工程训练中心的大力支持,也得到了有关专家、学者和兄弟院校同行的指正,在此一并表示诚挚的感谢。

　　由于编者水平有限,书中难免有错误和不妥之处,敬请读者批评指正。

编　者

2011 年 11 月

目 录

CONTENTS

第 1 章

现代工程概述

1.1　工业系统概述

工业系统作为社会生产力的主体,是伴随着工业化过程逐步发展起来的,现在已经成为一个复杂而庞大的体系。除工业生产单位外,工业系统还包括具有决策和行政功能的管理单位和附属的发展研究单位;从事原材料采掘、加工或产品修配的厂矿;为生产厂矿服务的物资调运、产品销售服务等辅助单位。

从组成来看,工业系统可分为上游产业、中游产业和下游产业。整个系统由众多部门组成,各部门之间既存在区别,又相互密切联系,并且每一个部门都与社会发展与进步密切相关。

18—19世纪工业革命后,多数发达国家在20世纪上半叶先后形成了结构比较稳定、布局基本定型的工业体系。到20世纪60年代,全世界大体形成了美国、西欧、日本、苏联和东欧4个工业核心地区,这些地区具有独立、完整、强大的国家或国家集团工业体系。

中国在1953—1957年第一个"五年计划"时期,兴建了几百个骨干企业,建设和发展了几个重要工业基地和若干工业中心,为全国工业体系的形成奠定了基础。目前,各地已形成一批各具特色的工业地区(工业基地)或一级工业体系,如辽中南、鲁中、晋中以能源重工业为主;长江三角洲、珠江三角洲以轻纺、化工等加工工业为主;京津唐地区、武汉、重庆和关中地区以轻、重工业为主。

一般来说工业系统分为基础工业、核心工业和应用工业三大类。而基础工业是由能源工业、冶金工业与材料工业和化学工业组成;核心工业由机械工业、汽车工业和电子信息产业构成;应用工业主要是指轻工业和建筑业。

1. 能源工业

能源是指能够产生和提供可控能量的各种资源,属于社会基础结构,是人类从事各种经济活动的原动力。现代能源工业的主要生产部门有煤炭工业、石油工业和电力工业。能源按加工程度划分为一次能源(太阳能、天然气、煤、地热等)和二次能源(柴油、汽油、电能等)。

中国是当今世界上最大的发展中国家,能源生产量仅次于美国和俄罗斯,居世界第三位;但能源消费量仅次于美国,居世界第二位。为此,一方面,需要加大能源的开发与节约,并有效利用国际市场的调节作用,确保国家经济建设的需要;另一方面,也要加快能源环保技术装备的配套和产业发展。因为能源的大量消耗将造成环境污染和生态破坏,在开发利用的同时,要坚持走可持续发展的道路。未来世界能源供应和消费将向多元化、清洁化、高效化、全球化和市场化方向发展。

2. 冶金工业与材料工业

1) 材料工业

材料工业是整个工业体系中的重要组成部分,它与能源工业、交通运输业一样,是构成国民经济的基础工业部门。早期人类历史即以材料制造工具,材料在人类文明发展过程中起到极大作用。今天,材料已被视为现代科技发展的三大支柱之一,既是发展新技术的物质基础,也是改造传统产业的必要条件。

我国的材料工业包括冶金、化工、建材等主要行业,既提供生铁、钢、铁合金、有色金属、水泥、塑料、橡胶、化纤、平板玻璃等传统结构材料和原料,也相继开发出了信息功能材料、能源材料、生物材料等各种新材料。

2) 冶金工业

冶金工业是材料工业的支柱产业,是从矿石和其他含金属的原材料中制取金属的工业,包括采矿、选矿、冶炼和加工。冶金工业包括炼钢、钢材生产、有色金属工业。冶金工业是工业系统发展的前提,为了建立现代化的工业体系,必须要有强大的冶金工业;同时它也是促进机械、化工、建筑、运输、能源等工业部门发展的重要部门。

冶金工业的环境保护日益得到人们关注,据统计钢铁工业占能耗 11%,居能耗大户之首;排放废气、废水占工业排放量的 13%～14%,仅次于化工居第二位。其污染主要为废气、尘埃、污水、渣料和工业垃圾,其中废气中硫的氧化物、污水中的重金属元素等对人体、农作物都有影响。为此,我国已明确立法以控制其对环境的污染,并加快技术改造,以实现节能、降耗和治理污染,使冶金工业尽早达到节约资源与环境协调并存的要求。

3. 化学工业

化学工业是利用物质发生化学变化的规律,改变物质的结构、成分、形态,而进行工业化生产的工业部门。化学加工是一个渗透于多行业的基本生产方法。它几乎可以利用一切自然物质,也可以利用工业和农业的产品和副产品作为原料,生产出成千上万种原料、材料和产品,为国民经济各部门服务。化学工业是国民经济中的一个基础部门,工业体系中许多部门的生产都与化学加工密切相关。目前化学工业分为 19 个行业,即化学矿、石油化工、煤化工、酸碱、无机盐、化学肥料、化学农药、有机原料、合成树脂和塑料、合成橡胶、合成纤维、感光材料和磁性记录材料、染料、涂料和颜料、化学试剂、催化剂和溶剂及助剂、化工新型材料、橡胶制品、化工机械。

中国的化学加工有光辉的历史,如火药、造纸、陶瓷、冶金、酿酒、染色、涂料等。新中国成立以来,化学工业成为发展最快的行业之一,其中大部分企业是为农业和轻工业服务的。目前,中国的化肥产量已居世界第一,基本化工原料和配套原料基本自给,化工产品的出口贸易也在逐年增加。据概算,如果能解决农药使用带来的生态、土地结块等问题,在农家肥不减的情况下,投入 2000 万吨的化肥,可增产 500 亿公斤粮食。而我国由于农药生产的不足,每年损失粮食 100 亿～150 亿公斤,棉花 2 亿～2.5 亿公斤。由此可见化学工业前景非常广阔,但面临的形势也是十分严峻的。为更好地发挥化学工业的作用,化学工业需要加强资源的合理利用,提高化工生产中的综合利用,以技术进步实现节能降耗。

4. 机械工业

机械工业在人类工业化的过程中起到了巨大的推动作用,国民经济各部门的生产水平和经济效益在很大程度上取决于机械制造业所提供装备的技术性能和质量。机械工业在工业总产值和工业利润中占有很大的比例,在发达国家,机械工业占工业总产值比例一般在1/3以上。我国正处在工业化进程中,据统计,在整个工业生产总值中,机械工业已占到1/4以上。没有发达的机械工业,就不会有农业、国防和科学技术的现代化。

机械工业门类众多,主要分为一般机械、电工和电子机械、运输机械、精密机械和金属制品五大行业。

5. 汽车工业

1885 年,德国人卡尔·奔驰制成了一台四冲程小型汽油机,并装在一辆皮带传动的三轮汽车上,这就是世界上公认的第一辆三轮汽车。1886 年,戴姆勒和他的助手迈巴赫制成了一台高速四冲程汽油机,并装在一辆四轮马车上,成为世界上公认的第一辆四轮汽车。1889 年,法国人罗杰尔买下了奔驰制作的第三辆汽车,并成为奔驰在法国的代理商,以此为标志,汽车开始成为商品;之后,在美国实现汽车批量生产之后,汽车工业开始登上历史舞台。

在 25 种不同工业部门中,汽车工业年销售额仅次于石化能源工业而排名第二。它是全球最大的产业部门之一,还是与其他产业关联度最大的企业,涉及的领域有:钢铁、塑料等原材料;机床、机械加工;机电零部件及附件;公路交通、建筑设施和各种消费服务业等。从某种意义上说,它是衡量一个国家工业化水平和科技水准高低的重要标志之一。

6. 电子信息产业

电子工业是在无线电电子学的基础上发展起来的。20 世纪 40 年代末,晶体管和电子计算机两大发明引起了电子科学技术的突破,两者互相促进,带动了电子科学技术飞速发展,并逐渐从传统的制造业中分离出来,形成了独立的新型电子工业部门。它涉及计算机、雷达、导航、电视、广播、微波、半导体、激光、红外、电声、声呐、电子测量、自动控制、遥感遥测、电波传播、材料、器材、系统工程等几十个门类。这些技术相互促进,又演变为更加综合的信息技术,形成了以通信与信息服务业、电子信息产品制造业为代表的电子信息产业。

信息技术是以微电子学、光电子学为基础,以计算机通信、控制技术为核心的技术群,主要研究解决信息的产生、获取、度量、传输、交换、处理、识别和应用。近年来信息技术的发展一日千里,形成了信息产业革命,其核心内容为信息传递与交换的网络化、高速化、双向化、多媒体化,信息存储的大容量化,信息处理的实时化、智能化等。迅速发展的信息产业,为提升作为国民经济支柱的农业、机械制造业等传统产业提供了可能。如何充分利用这些先进的技术,提高传统产业的市场竞争力,跟上世界潮流,成为目前亟待解决的问题。

7. 轻工业

轻工业是我国消费品生产的主体,主要由纺织、服装、食品加工、家用电器、日用化工、造纸制革及文化体育用品等行业组成。轻工业和我们的衣、食、住、行、用各方面息息相关,同时也与农业、工业关系密切,因为轻工业的原料和材料主要来自农业和工业两个方面,其中农业是更主要的。农业的发展速度和原料供应水平对轻工业生产的发展起着决定性的作用,如纺织、制糖、造纸等行业必须依托规模化的农业原料基地,两者只有相互协调、相互促进,才能相得益彰。

近年来,我国轻工业发展势头非常迅猛,其产品在国际上竞争力不断增强,已成为出口创汇的主要行业之一。轻工业要保持持续发展的态势,一方面要综合平衡建立原料基础;另一方面要以市场促进发展,不断开拓市场,调整产业结构,充分利用科技创造力、工业设计、现代营销与储运技术,开发更多高附加值产品。

8. 建筑业

建筑业是从事建筑安装工程的产业部门。其业务范围不仅包括建造房屋和构筑物,而且包括各种设备的安装工程,是工业建设和城市建设的主力军,承担着工业项目和民用建筑的勘察、设计施工、设备安装任务。建筑物中的各种制成品、零部件的生产应视为制造。但在建筑预制品工地,把主要部件组装成桥梁、仓库设备、铁路与高架公路、升降机与电梯、管道设备、喷水设备、暖气设备、通风设备与空调设备,照明与安装电线等组装活动,以及建筑物的装置,均列为建筑活动。

建筑业不仅提供建筑产品,而且可以带动与促进建材、冶金、化工、机械、轻工等几十个部门的发展,在某种意义上说,建筑业也具有龙头产业的作用。

1.2　机械制造系统

机械工业是工业系统中制造机械产品的工业部门。对于机械工业来说,产品既是设计与制造的结果,又是质量管理与销售的对象,以此形成了制造系统。制造系统覆盖全部产品生命周期的制造活动,由经营管理、市场与销售、研究与开发、工程设计、生产管理、采购供应、资源管理和质量控制等子系统构成。在制造过程中,存在着物质流(主要指由毛坯到产品的有形物质的流动)、信息流(主要指生产活动的设计、规划、调度与控制)及资金流(包括成本管理、利润规划及费用流动等),它们的有机组合就构成了整个制造系统。

1.2.1　机械制造系统的概念及其组成

长期以来,人们对于机械制造领域所涉及的各种问题,往往都是孤立地看待,对于机械制造中所用的机床、工具和制造过程,仅限于分别地、单个地加以研究。因此,在很长的时期内,尽管在机械制造领域中许多研究和开发工作取得了卓越的成就,然而在大幅度地提高小批量生产的生产率方面,并未发生重要的突破。直到 20 世纪 60 年代后期,人们才逐渐认识到只有把机械制造的各个组成部分看成一个有机的整体,以控制论和系统工程学为工具,用系统的观点进行分析和研究,才能对机械制造过程实行最有效地控制,并大幅度地提高加工质量和加工效率。基于这种认识,人们进行了许多研究和实践,于是出现了机械制造系统的概念。

机械制造系统既然被看成是一个系统,就必然有输入和输出,如图1-1所示。所谓机械制造系统的输入,就是一定的材料或毛坯;而输出则为加工后的零件、部件或产品等。从某种意义上讲,制造系统又是生产系统的组成部分或子系统。

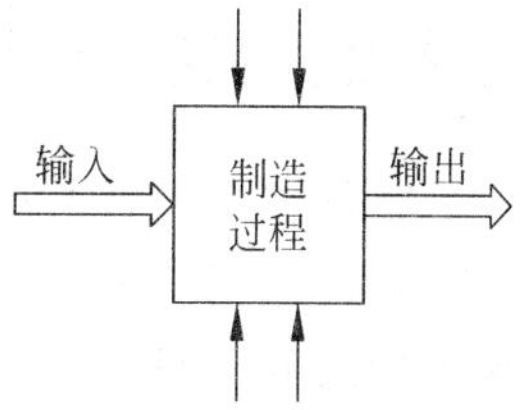

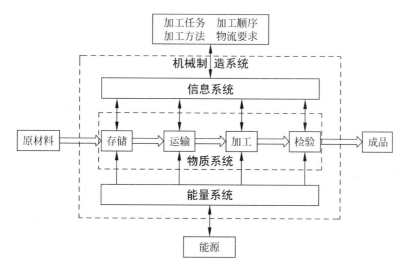

图 1-1   制造系统的基本概念

图1-2表示了机械制造系统的各组成部分及其相互间的关系,一般可划分为物质子系统、信息子系统和能量子系统3个组成部分。在这3大组成部分中,分别存在物质流、信息流和能量流3种流动载体。在物质子系统中,把毛坯、刀具、夹具、量具及其他辅助物料作为原材料输入,经过存储、运输、加工、检验等环节最后以成品输出。这个流程是物质的流动,故称为物质流。而负责物料存储、运输、加工、检验的各元素可总称为物质系统。

图 1-2   机械制造系统各组成部分及其相互关系

在信息子系统中,加工任务、加工顺序、加工方法及物流要求所要确定的作业计划、调度和管理指令属于信息范畴,称为信息流。而负责这些信息存储、处理和交换的有关软、硬件资源可称为信息系统。

在能量子系统中,制造过程中的能量转换、消耗及其流程称为能量流。而负责能量传递、转换的有关元素称为能量系统。

在常规制造系统中,较普遍地存在着物质子系统和能量子系统,而往往缺乏信息子系统。如由一台普通车床构成的制造系统就只存在物质系统和能量系统,加工信息的输入与传递是由人工完成的。但在现代制造系统中,则较普遍地增加了信息系统,如数控机床中的CNC(计算机数字控制系统)就是典型的信息系统,它能通过其内部的计算机进行零件加工信息的存放,并发送加工指令和控制加工过程。

20世纪60年代以来,世界机械产品市场呈现出品种规格越来越多,产品更新换代速度越来越快,交货期越来越短,批量越来越小,产品的技术含量和附加值越来越高等特点。现代的机械制造系统已从单件生产、批量生产、自动生产向柔性生产阶段发展。

1.2.2　机械产品设计与制造

产品整体概念由核心层、有形层和延伸层组成,如图 1-3 所示。

产品寿命周期主要包括投入期、成长期、成熟期和衰退期,在这几个时期产品投入时间与市场销售之间一般存在如图 1-4 所示的关系。

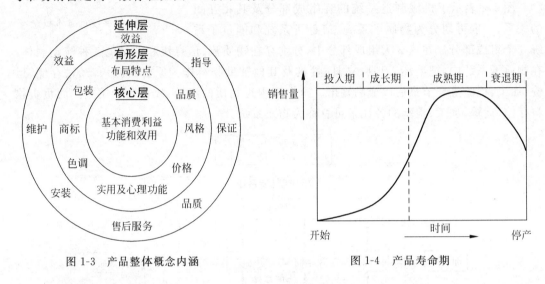

图 1-3　产品整体概念内涵　　　　　图 1-4　产品寿命期

1. 机械产品的设计

产品设计是产品开发的先导,设计的好坏将直接影响到产品的性能、成本、价格、利润,进而决定企业营销的成败。新产品设计包括初步设计、技术设计(或称详细设计)和工作图设计 3 个阶段。

1) 初步设计

初步设计的主要任务是编制技术任务书,提出新产品结构方案、组成部分构思方案,画出产品结构草图,并对其采用的新原理、新工艺、经济性、市场情况、客户需求等进行可行性论证。

2) 技术设计

技术设计是对新产品进行定型,设计新产品的组成零部件,画出产品总图、部件和组件的装配图、传动及润滑和电气原理图,分析与计算产品主要技术经济参数等。这是产品设计中最重要的一个阶段,产品结构的合理性、工艺性、适用性、可靠性、安全性和可维修性等都取决于技术设计阶段。

3) 工作图设计

工作图设计是提供产品试制全部资料,包括原材料及毛坯、通用件、标准件、外协件明细表、自制件的全部图纸、编制说明书及作业手册等。

现代产品设计除要满足其使用性能外,还应同时进行产品造型设计。因为当两个产品的质量、功能和价格大体相等时,消费者决定取舍的依据应该是产品的造型和售后服务。

产品造型设计的主要内容包括以下 3 点。

(1)市场调查:掌握消费者对产品用途、功能、造型等的要求以及使用环境、产品销售方式和售后服务方式、市场趋势等对产品的影响。

（2）外形设计：综合考虑产品功能与美观、组成结构与加工工艺性、人机配合、质量与价格、选用材料等因素。

（3）色彩设计：使产品获得与使用对象、使用环境统一协调的整体色调。

总之，机械产品设计的关键是提出创新构思并能尽快将其转化为有竞争力的产品。为此首先需要扎实的工程基础技能，如工程制图、材料选择、受力结构分析、制造工艺分析等基本能力；其次也需要较强应用新技术、新材料的能力；最后也需要有创新的激情和技术转化与综合能力。

2．机械产品的制造

机械设计需要通过制造才能转化为产品。制造是一种生产活动，从系统的观点出发，生产可被定义为：一个将生产要素转变为经济财富，并创造效益的输入/输出系统，如图1-5所示。

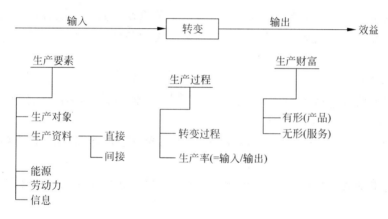

图1-5　生产过程

对制造的理解有广义和狭义之分。狭义的制造是指将原材料转变为成品的全生产过程。广义的制造是一个输入/输出系统，其输入是生产要素，输出为有形和无形的产品。

广义的制造包括：客户需求，研发，原材料、半成品、成品的运输和保管，生产和技术准备工作，毛坯制造，零件的机械加工、热处理、表面处理，产品的装配、调试以及油漆、包装和售后服务等产品全生命周期过程。

1.2.3　产品质量与营销

1．产品质量

产品质量是指产品的使用价值，一般可由以下6项指标来描述：

（1）使用性能；

（2）产品寿命；

（3）产品可靠性；

（4）产品安全性；

（5）产品的经济性；

（6）产品的可维修性。

产品的这 6 项特性可以概括为"适用性"，即用户对产品的满意程度，这是评定产品优劣的主要依据。产品的质量是通过企业的质量保证体系来实现的，现代企业一般采用全面质量管理作为企业的质量保证体系（如 ISO 9000 系列、ISO 14000 等）。

全面质量管理是指企业以质量为中心，以全员参与、全过程控制为基础，通过让顾客满足和让本组织所有成员及社会受益而达到长期成功的管理途径。全面质量管理的范围覆盖了生产的全过程，即由传统的事后检验转变为对产品设计和生产过程进行事先控制，辅以动态检测、信息反馈和科学管理，形成了一个能够稳定地生产合格品的生产系统。除此之外，它还强调以人为本，调动人的积极性，发挥人的创造性，齐心协力搞好工程质量；强调动态管理，要求企业有组织、有计划、持续地进行质量改进，不断地满足变化着的市场和用户需求。

2．产品的营销

一个产品进入市场能否畅销，对企业的经营至关重要。而产品能否在市场占有一席之地，除应性能优良、质量过硬外，正确的营销也是重要的条件。企业营销主要包括以下几项工作。

1）销售管理

销售管理的基本任务包括市场分析、定价、合同管理、促销、售后服务计划、产品发运、货款回收等，主要任务可以分为以下 4 个部分。

（1）市场分析：对市场分布、需求指向、竞争对象、强度、容量和变动趋势进行调研与预测。

（2）制定和实施销售计划：市场分析、企业经营目标和现实状况相结合的产物，在实施中还应根据情况不断调整。

（3）开发销售策略：如目标市场策略、价格策略、促销策略等。

（4）组织销售业务活力：如将企业各种资源与销售业务活动相结合，保证销售业务的完成。

2）销售计划

销售计划是销售工作的指南和具体安排，通常由销售量计划、销售策略规划和销售费用计划 3 大部分构成。

3）销售策略

销售策略是指企业为把产品销售出去，完成销售目标和计划所采用的方法、手段和程序。企业为适应市场的需求变化，必须结合市场及企业情况制定行之有效的销售策略，如市场方向选择、宣传与广告、销售渠道、促销策略、商标策略、品种策略和价格策略等。

4）销售渠道

产品销售渠道是指产品从生产者到达顾客手中的通道或方式，其组成有批发商、零售商、代理商、运输公司、仓储等个人或中介组织机构。目前常用的销售渠道有：直接销售渠道和间接销售渠道（含一级或多级渠道）。

5）售后服务

目前，售后服务已成为产品能否占领市场的重要一环，企业想要长久发展必须重视售后服务。售后服务的主要内容有通俗易懂的产品使用说明书、安全操作手册、为顾客提供及时正确的技术指导、产品培训和产品维修、帮助顾客选择型号、开展技术咨询以及送货上门、产品实行三包等。

1.2.4 我国制造业的现状

目前我国在世界工业生产总值中的份额仅次于美国,是全球第二大工业制造国,许多行业或产品产量跃居世界前列,被称为"世界工厂",制造业已发展成为我国国民经济的支柱产业。但我国制造业大而不强,绝大部分是在纯制造领域,是别人不想干的产业,多数企业尚处于产业链中低附加值的底部;产品以低端为主,高端产品依赖进口,自主创新、自主品牌的高端产品少;出口产品中拥有自主品牌和知识产权的只占大约 10%;制造业的资源能耗大、效率低、环境污染严重。

在发达国家,生产性服务已成为现代服务业的重要组成部分,许多跨国公司的主要业务由单纯的制造业向服务业延伸和转移。据统计,美国服务型制造企业占所有制造企业的 58%,而中国只有 2.2%。

中国企业应顺应制造业发展趋势,通过整合产业链上下游资源,从简单加工向自主研发、品牌营销等服务性环节延伸,并且要创新商业模式,提高产品附加值,实现生产型制造向服务型制造转变。

液态金属成形

2.1 概　述

1. 概念

液态金属成形是指制造铸型,熔炼金属,并将熔融金属浇入铸型,凝固后获得一定形状和性能零件或毛坯的成形方法,通常又称为铸造,是现代机械制造中生产机器零件或毛坯的主要方法之一。铸造成形的原理如图 2-1 所示。

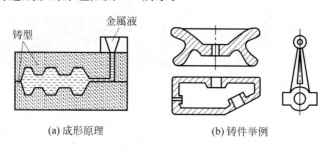

(a) 成形原理　　　　　　　　　(b) 铸件举例

图 2-1　铸造成形的原理

2. 起源

铸造是人类掌握比较早的一种金属热加工工艺,已有约 6000 年的历史。中国在公元前 1700—1000 年之间已进入青铜铸件的全盛期,商朝的重 875kg 的后母戊鼎(原名司母戊鼎)、战国时期的曾侯乙尊盘、西汉的透光镜,都是古代铸件的典型代表。在 15—17 世纪,德、法等国先后敷设了向居民供饮用水的铸铁管道。18 世纪的工业革命以后,蒸汽机、纺织机和铁路等工业的兴起,使铸造进入为大工业服务的新的大发展时期。

3. 铸造与文化

常用词"模范"是"模"与"范"的合称,初意是指古代铸造青铜器时所使用的主要造型工具。一件青铜器的铸造,要经过塑模、翻范、烘烤和浇铸等一整套工序。用泥料制成的实心器物外形,称为"模"。在"模"上贴泥而翻制成的外模或凹模,称为"范",也称"外范"、"母范"、"母模"等。一件器物的"范"要分为多块,否则无法起范脱模。表现器物内腔、孔及某些中空部分的泥型,称为"芯",也称"内范"。"范"和"芯"的组合,即为"铸型"。

古人将"模范"这种铸造所用的范具,引申到社会交往礼仪等方面,于是人的行为、事迹合乎规范,堪为榜样也就赋予了"模范"的含义。"师者,人之模范也。"古人之所以对师十分尊敬,是因为为师者可以规范世人,做人们学习效仿的榜样。这是"师范"一词的含义所在。如今,与铸造关系最为紧密的词"模范",通常解释为样板、榜样,值得学习或仿效的人物或事物,如全国劳动模范、英雄模范、模范事迹、模范行为等。除此之外,还有许多其他词语来自铸造,如由"范"引申的:就范、范例、范围、范文、范本、范畴、典范等;如由"模"引申的:一模一样、模本、模仿、模糊、模楷、模拟、模式、模型、模特等;"铸"的引申义如:"或曰:人可铸与?","曰:孔子铸颜渊矣"。

2.2　砂型铸造

按铸件的成形条件和制备铸型的材料不同,液态金属成形方法可以分为砂型铸造和特种铸造,应用最广的是砂型铸造。

砂型铸造是以型砂为造型材料的铸造方法。砂型铸造生产的主要工序为配砂、制模、造型制芯、合型、熔炼、浇注、冷却、落砂、清理和检验等。各道工序的设计与选择,都对铸件质量和成本有着重要的影响。压盖铸件砂型铸造的生产流程如图 2-2 所示。

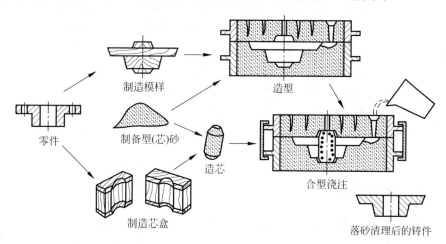

制造模样　　造型

零件　　制备型(芯)砂　　造芯　　合型浇注

制造芯盒　　落砂清理后的铸件

图 2-2　压盖铸件砂型铸造的生产流程

2.2.1　造型材料

造型材料是指制造铸型(芯)用的材料,一般指砂型铸造用的材料,包括砂、黏土、有机或无机黏结剂和其他附加物。而古代造型材料主要是陶土,称为"泥范"或"陶范"。

1. 型砂的性能

型砂是按一定比例配制的造型材料,经过混制而成为一种符合造型要求的混合料。型砂的工作性能直接影响铸件的质量,工艺性能直接影响生产效率和工作条件。

型砂应具有必要的透气性、型砂强度、耐火度、退让性和可塑性等性能。

上述性能是最基本的,但有时又是互相矛盾的。例如,强度高、可塑性好时,透气性便可能降低;退让性好,可塑性就会差一些。因此,要求型砂具有良好的综合性能,应根据铸造金属种类、铸件大小、造型材料的来源和成分,合理地决定和严格控制型砂的配制成分。

2. 型砂的组成

型砂一般由原砂、黏结剂、附加物及水按一定比例配制而成。

原砂是型砂的主体,其主要成分是石英(SiO_2)。石英的含量和颗粒的形状程度对型砂的性能影响很大。

黏结剂使砂粒黏结成具有一定强度和可塑性的型砂。常用的黏结剂有普通黏土和膨润土。膨润土的黏结力优于普通黏土,且可进一步提高型砂的强度和透气性。加入适量的水可与黏土形成黏土膜,从而增加砂粒的黏结作用。

常用的附加物有煤粉、木屑等。煤粉的作用是在高温液态金属作用下燃烧形成气膜,以隔绝液态金属与铸型内腔的直接作用,防止铸件粘砂。加木屑可改善型砂退让性和透气性。

3. 型砂的配制

型砂配制是根据工艺要求对造型用砂进行配料和混制的过程,它包括砂的烘干和对旧砂的处理。配料时要综合考虑其配比,如铸造铸铁件时,由于浇注温度较高,要求型砂具有较高的耐火度,因此,选用较粗的石英砂,并加入适量的煤粉,以防铸件粘砂。相反,铸造铝合金时,由于熔点低,应选用砂粒细的石英砂,且不必加煤粉。浇注湿型时,会产生气体,要严格控制型砂中的水分;相反,干型可多加些水,以增加型砂湿态强度,便于造型。

配制的型砂是否合格,最简单的检验方法是:用手将型砂捏成团,随后将手松开,若砂团不松散、不粘手,且有手纹,折断后,断面平整均匀无碎裂现象,则表明型砂中的黏土与水含量适当,型砂制备合格。大批量生产时,可使用专门仪器检查型砂的各种性能,以确保型砂质量。

2.2.2　浇注系统

浇注系统是金属液流入铸型型腔的通道。典型的浇注系统由外浇口、直浇道、横浇道和内浇道组成(见图2-3),其作用是平稳、迅速地注入金属液,阻止熔渣、砂粒等进入型腔。调节铸件凝固顺序。若浇注系统不合理,铸件易产生冲砂、砂眼、渣眼、浇不到、气孔和缩孔等缺陷。

外浇口的作用是缓和金属液浇入的冲力并分离熔渣,漏斗形外浇口用于中小铸件,盆形外浇口用于大铸件。

直浇道的作用是使金属液产生一定的静压力,能迅速充满型腔。如果直浇道的高度或直径太小,会使铸件产生浇不到等缺陷。为便于取模,直浇道一般做成带锥度的圆柱体。

横浇道的主要作用是挡渣,横截面形状多为梯形,且位于内浇道的上面,它的末端应超出内浇道一段距离,以

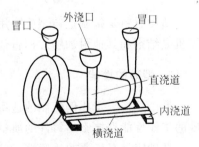

图2-3　浇注系统的组成

使金属液始终充满横浇道,熔渣能够上浮,并储存于横浇道顶部。

内浇道的作用是控制金属液流入型腔的速度和方向。截面形状一般是扁梯形和月牙形,也可用三角形。

冒口是指在铸型内特设的空腔及注入该空腔的金属,冒口中的金属液可不断地补充铸件的收缩,从而使铸件避免出现缩孔、缩松。冒口是铸件上多余的部分,清理时要切除掉。冒口除了补缩作用外,还有排气和集渣的作用。

2.2.3 造型方法

用型砂及模样等工艺设备制造铸型的过程称为造型,造型是砂型铸造最基本的工序之一。按照造型的手段,造型方法可分为手工造型和机器造型两大类。

1. 手工造型

手工造型是指造型工序全部用手工完成的方法。

1) 整模造型

将模样做成与铸件形状相同的整体结构,用两个砂箱制造铸件的过程称为整模造型。整模造型的分型面为模样一端的最大平面,其操作简便,可避免错箱,保证了铸件的尺寸和形状。端盖的整模造型过程如图 2-4 所示。

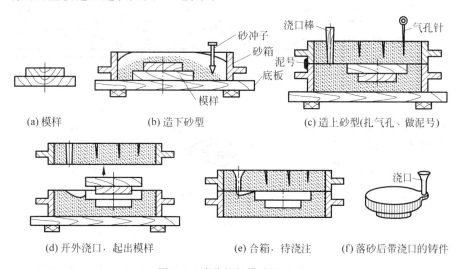

图 2-4 端盖的整模造型过程

【思考与练习】

整模造型有一定的局限性,请思考日常生活中有哪些制件不适合整模造型？你有什么好办法？

2) 分模造型

当铸件最大截面不在端面,或不宜用整模造型时,一般以模样最大截面为分型面,采用分模两箱造型。分模造型适用于最大截面在中部的铸件,尤其是对称铸件,如图 2-5 所示。

3) 挖砂造型

根据铸件结构应采用分模造型,但由于分模面是复杂曲面或因模样太薄等造成制模困

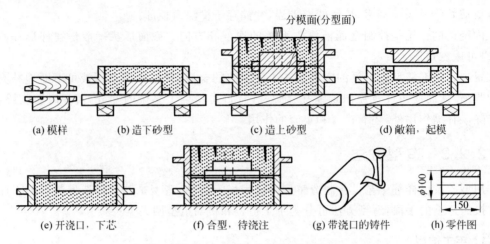

图 2-5　套筒的分模造型过程

难，只能做成整模时，为了起模方便，下型分型面需挖成不平的分型面（非平面）的方法，称为挖砂造型。其特点是模样为整体模，造型时需挖去阻碍起模的型砂，故分型面是曲面。其操作技术要求较高，造型麻烦，生产率低，适用于单件小批生产模样薄、分模后易损坏或变形的铸件。手轮的挖砂造型过程如图 2-6 所示。

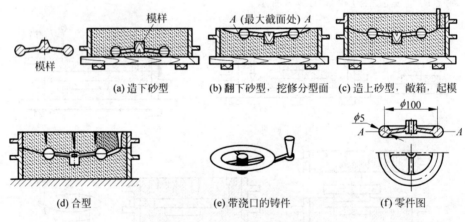

图 2-6　手轮的挖砂造型过程

4）假箱造型

当挖砂造型铸件生产批量较大时，为避免每型挖砂，提高铸件产量和生产率，可采用假箱造型代替挖砂造型。假箱造型是用预先制备好的半个铸型简化造型操作的方法，此半型其上承托模样，可供造另一半型，但不用来组成铸型。手轮的假箱造型过程如图 2-7 所示。

5）活块模造型

整体模或芯盒有侧面伸出部分时，常做成活块，所谓活块造型，即将铸件上妨碍起模的部分做成活块，起模时，先取主体模，再用适当方法将铸型内的活块取出的造型方法。活块是模样上可拆卸或能活动的部分。活块造型的技术难度较高，生产率较低，主要用于单件、小批量生产。活块模造型过程如图 2-8 所示。

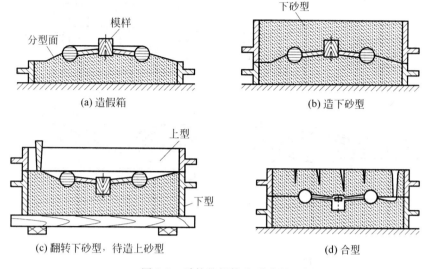

图 2-7 手轮的假箱造型过程

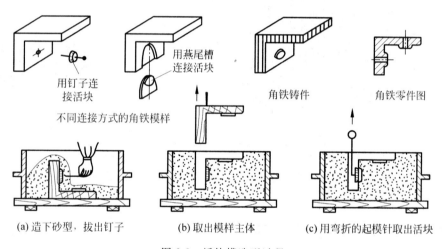

图 2-8 活块模造型过程

6）三箱造型

铸件两端截面尺寸比中间部分大,采用两箱无法起模,将铸型放在 3 个砂箱中,组合而成,称为三箱造型。模样必须是分开的,便于从中箱内起出模样,中型上、下两面都是分型面,两个分型面处产生的飞边缺陷,使铸件高度方向的尺寸精度降低。三箱造型的关键是选配合适的中箱,其造型复杂,易错箱,生产率低,适用于单件小批生产两头大中间小、形状复杂而不能用两箱造型的铸件。三箱造型过程如图 2-9 所示。

7）地坑造型

地坑造型是指在地平面以下的砂坑中或特制的地坑中进行下型造型的造型方法,如图 2-10(a)所示。铸造大型铸件时,常用焦炭垫底,再插入管子,便于排出气体。地坑造型可节省下砂箱,但造型较复杂费时,主要用于中、大型铸件的单件、小批量生产。

【思考与讨论】

为适应中、大型旋转体铸件的单件小批量生产,节省模样材料及加工费用,生产中还有

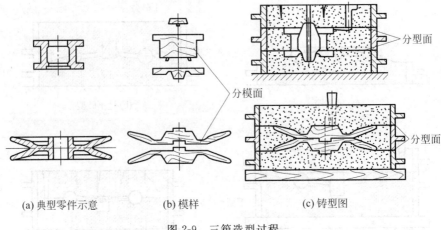

(a) 典型零件示意　　　　(b) 模样　　　　(c) 铸型图

图 2-9　三箱造型过程

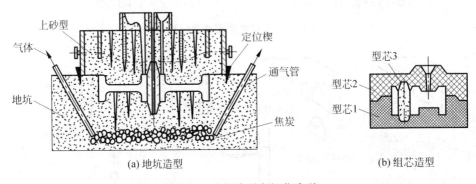

(a) 地坑造型　　　　　　　　　(b) 组芯造型

图 2-10　地坑造型和组芯造型

一种方法叫刮板造型,请分析其原理和工作过程。另外,分析图 2-10(b),说明为什么叫组芯造型。

2. 机器造型及其与手工造型的比较

用机器完成紧砂与起模操作的造型方法称为机器造型。机器造型铸件的尺寸精度和表面质量高,加工余量小,生产效率高。但设备和工装费用高,生产准备时间较长,适用于中、小型铸件成批或大批量生产。

手工造型操作灵活,紧砂与起模由手工完成,工艺装备简单,生产准备时间短,大小铸件均可适应,但对工人的技术水平要求较高,生产率低,劳动强度大,铸件质量不稳定,主要用于单件、小批量的生产。

2.2.4　造芯方法

为获得铸件的内腔或局部外形,用芯砂或其他材料制成的安放在型腔内部的铸型组元称为芯子,又称砂芯,绝大部分芯子是用芯砂制成的。

芯砂是用于制造芯子(也称型芯)的造型材料。由于浇注时砂芯表面被高温液态金属所包围,受到金属液的冲刷及强热的作用,故对芯砂的强度、耐火性、透气性的要求均高于型砂；冷凝时，砂芯受到金属收缩挤压的作用，易影响铸件质量，因此对芯砂的退让性要求要高于型砂。落砂还要求芯砂的出砂性要好。

芯砂可分为黏土砂、桐油砂、合脂砂、树脂砂等，其基本组成主要有原砂、黏土、水及附加物。一般不重要的型芯可用黏土砂；形状较复杂、要求较高或重要的砂芯，多用桐油砂、合脂砂或树脂砂；薄壁且形状很复杂的型芯宜用桐油砂。芯砂种类及其组成配比，一般根据铸造合金的种类、铸件形状与大小、技术要求、采用的原砂等因素来具体选择。

砂芯一般是用芯盒制成的，芯盒的空腔形状和铸件的内腔相适应。根据芯盒的结构，芯盒制芯可分为：对开式芯盒制芯（见图 2-11）、整体式芯盒制芯和可拆式芯盒制芯 3 种。

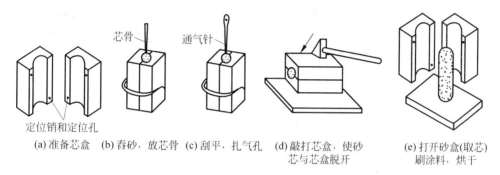

(a) 准备芯盒　(b) 舂砂，放芯骨　(c) 刮平，扎气孔　(d) 敲打芯盒，使砂　　(e) 打开砂盒(取芯)
　　　　　　　　　　　　　　　　　　　　　　芯与芯盒脱开　　　　　刷涂料，烘干

图 2-11　对开式芯盒制芯

【思考与比较】

砂芯必须具有比砂型更高的强度、透气性、耐高温性和退让性等，这主要依靠配制合格的芯砂及采用正确的造芯工艺来保证。

造芯的工艺特点如下：

（1）放芯骨以提高强度。小砂芯的芯骨可用铁丝来做，中、大砂芯的芯骨要用铸铁浇成。

（2）开连贯的通气道以提高砂芯的透气性。砂芯通气道一定要与砂型出气孔接通，大砂芯内部常放入焦炭块以便于排气。如图 2-12 所示为开通气道的方法。

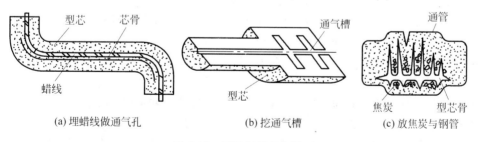

(a) 埋蜡线做通气孔　　　　(b) 挖通气槽　　　　(c) 放焦炭与钢管

图 2-12　开通气道的方法

（3）大部分砂芯表面要刷一层涂料，以提高耐高温性能，防止铸件粘砂。铸铁件多用石墨粉涂料，铸钢件多用石英粉涂料。

（4）烘干砂芯以提高强度和透气性。黏土砂芯的烘干温度为 $250 \sim 350℃$，油砂芯为 $180 \sim 240℃$，保温 $3 \sim 6h$ 后缓慢冷却。

2.2.5 合型

将铸型的各个组元如上型、下型、芯子、浇口杯等组合成一个完整铸型的操作过程称为合型，又称合箱、组型。合型操作直接影响铸件的质量。若合型操作不当，即使铸型和砂芯的质量很好，也会产生错箱、偏芯、飞翅、气孔、砂眼等铸件缺陷。

1. 铸型的检验及装配

下芯前，首先要熟悉铸造工艺图、工艺卡等技术资料，要清除型腔、砂芯、浇注系统表面的浮砂，同时要检查其形状、尺寸和排气道的通畅，下芯时应平稳、准确。然后疏通砂芯和砂型的排气道，检查型腔主要尺寸，固定砂芯，用泥条或干砂填满芯头与砂型芯座的间隙，以防浇注时金属液进入芯头堵塞排气道。最后，准确、平稳地将上型合上。

2. 铸型的紧固

浇注时，金属液充满型腔，并作用于上型产生抬箱力。若上型重量不能抵消抬箱力，就会抬起上型，产生金属液从分型面的缝隙中流出等缺陷。为此，必须紧固已装配好的铸型。紧固方法主要有：压铁紧固、卡子紧固及螺栓紧固。单件小批生产时，多采用压铁压箱，压铁重量约为铸件重量的 3～5 倍，并应压在砂箱箱壁上。紧固铸型时要对称均匀地用力，先紧固铸型，再拔合型定位销。

2.2.6 铸造合金的熔炼与浇注

1. 熔炼

铸造合金的熔炼是铸造生产的主要工序之一，目的是获得一定成分和温度的金属液，并尽量减少其中的气体及夹杂物，提高熔炼设备的熔化率，降低能源消耗，以达到最佳的技术经济效益。铸造合金熔炼的质量直接影响铸件的质量，如金属液成分不合格，将降低铸件的力学、物理性能；金属液温度过低，则流动性差。

最常用的铸造合金是铸铁，铸铁的熔点比钢低，对熔炼设备要求较低，熔炼工艺比较简单。铸铁熔炼的设备主要有冲天炉、中频和工频感应电炉等。

冲天炉的种类较多，但基本结构大致相同，一般由炉缸、炉身、前炉、烟囱、送料送风系统、检测装置等组成。

冲天炉的熔炼过程主要包括底焦燃烧；炉料预热、熔化和加热；冶金反应；最终获得所需的铁水。底焦的高度和送风的强度是影响冲天炉熔炼的主要因素，熔炼时必须合理控制。

冲天炉虽然操作方便、结构简单、燃料消耗小、熔化率高、设备投资少，但铁水质量不及电炉，环境污染严重，占地较大。采用工频（或中频）感应电炉熔炼铸铁的越来越多。

2. 浇注

浇注是指把液体金属浇入铸型的操作。浇注不当会引起浇不到、冷隔、跑火、夹渣和缩孔等缺陷。浇注前的准备工作有以下 3 个。

（1）准备浇包。浇包种类由铸型大小决定，一般中小件用抬包，容量为 50～100kg；大件用吊包,容量为 200kg 以上。使用过的浇包要进行清理、修补,保证内表面及包嘴光滑平整。

（2）清理通道。浇注时行走的通道应清理干净。

（3）烘干用具。挡渣勾、浇包等要烘干,以免降低铁水的温度及引起铁水飞溅。

2.2.7　铸件的落砂、清理与缺陷分析

1. 落砂

从砂型中取出铸件的工作称为落砂。落砂时应注意铸件的温度。落砂过早,铸件温度过高,暴露于空气中急速冷却,易产生过硬的白口组织及形成铸造应力、裂纹等缺陷。但落砂过晚,将过长地占用生产场地和砂箱,使生产率降低,一般来说,应在保证铸件质量的前提下尽早落砂,一般铸件落砂温度在 400～500℃之间。

落砂的方法有手工落砂和机械落砂两种。大量生产中采用各种落砂机落砂。

2. 清理

落砂后的铸件必须经过清理工序,才能使铸件外表面达到要求。清理工作主要包括下列内容：切除浇冒口,清除砂芯,清除粘砂,铸件的修整；最后去掉在分型面或在芯头处产生的飞边、毛刺和残留的浇、冒口痕迹。可用砂轮机、手凿和风铲等工具修整。

3. 常见铸件缺陷

清理完的铸件要进行质量检验,合格铸件验收入库,次品酌情修补,废品挑出回炉。检验后,应对铸件缺陷如：气孔、缩孔、砂眼、冷隔、裂纹、浇不足和错型等（见图 2-13）进行分析,找出主要原因,提出预防措施。常见铸件缺陷如图 2-13 所示。

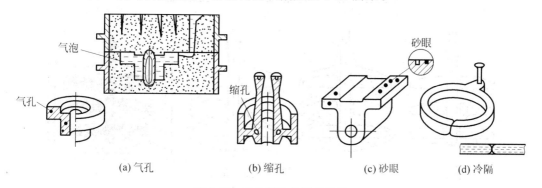

(a) 气孔　　　　　(b) 缩孔　　　　　(c) 砂眼　　　　　(d) 冷隔

图 2-13　常见铸件缺陷示意图

2.3　特 种 铸 造

为了克服砂型铸造在一定工艺条件下的不足,提高铸件的尺寸精度,改善表面粗糙度及性能,在砂型铸造技术的基础上发展形成了金属型铸造、熔模铸造等特种铸造方法。

【思考与讨论】

下列各制件，若用砂型铸造可能存在什么问题，有无其他可能的铸造方法来克服这些缺点？如：大批量生产的内燃机铝活塞、古代美索不达米亚州的神和动物像、19世纪发明的金属活字、铸铁管等。

1. 金属型铸造

用一般重力浇铸方法将熔融金属浇入金属铸型而获得铸件的方法称为金属型铸造。与砂型不同的是，金属型可以反复使用达几百次甚至几万次，故又称永久型铸造。

金属型铸造实现了一型多铸，可节省大量造型材料和工时，提高了劳动生产率。由于金属导热性能好，散热快，使铸件结晶致密，提高了力学性能。铸件尺寸精确，表面粗糙度低，切削加工余量小，节约原材料和加工费用。金属型生产成本高，周期长，铸造工艺要求严格，不适于单件小批量生产。金属型的冷却速度快，不宜铸造形状复杂和大型薄壁件。

金属型铸造主要用于大批量生产的、形状简单的有色金属件，如飞机、汽车、拖拉机、内燃机的铝活塞、气缸体、缸盖、油泵壳体以及铜合金轴瓦、轴套等。

2. 熔模铸造

为了避免砂型铸造分型面和起模时带来的问题，人们发明了熔模铸造。它是用易熔材料（如蜡料）制成零件的精确模样，并在模样上涂敷耐火材料制成型壳，待其硬化干燥后，熔去模样，经焙烧后将液态金属浇入，待金属冷凝后敲掉壳型获得铸件的一种方法，又称"失蜡铸造"，如图2-14所示。

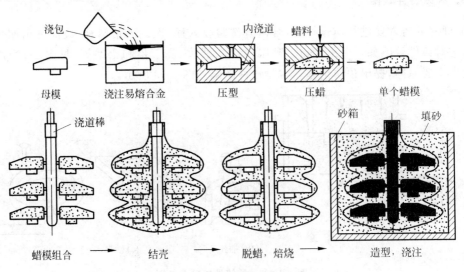

图 2-14　熔模铸造的主要工艺

熔模铸造没有分型面，不必考虑起模。型壳内表面光洁，耐火度高，可以生产尺寸精度高和表面质量好的铸件，实现少或无切削加工。熔模铸造能铸出各种合金铸件，尤其适合铸造高熔点、难切削加工和用别的加工方法难以成形的合金，如耐热合金、磁钢、不锈钢等，还可生产形状复杂的薄壁件。但熔模铸造工艺过程复杂，工序多，生产周期长（4～15天），生产成本高；而且由于熔模易变形、型壳强度不高等原因，熔模铸件的质量一般在25kg以内。汽轮机叶片等就常用熔模铸造技术来生产。

3. 离心铸造

离心铸造的构想,起源于 1809 年英国人 Anthony Echardt 利用铸模旋转产生离心力场,将液态金属注入铸模内,使金属液产生离心力,做成中空铸件的一种铸造方法。

离心铸造不需要型芯就可直接生产筒、套类铸件,金属利用率、生产率高、成本低。在离心力作用下,金属从外向内定向凝固,铸件组织致密,无缩孔、缩松、气孔、夹杂等缺陷,力学性能好,便于生产双金属铸件,例如钢套镶铜轴承等,其结合面牢固,又节省铜料,降低成本。但离心铸造的铸件易产生偏析,不宜铸造密度偏析倾向大的合金;而且内孔尺寸不精确,内表面粗糙,加工余量大。

离心铸造所用的铸型有金属型和非金属型(如砂型、石膏型、熔模壳型等),生产上广泛采用金属型。根据铸型旋转轴在空间位置的不同,有立式(见图 2-15)和卧式(见图 2-16)两种离心机。立式离心铸造机的铸型是绕垂直轴旋转的,液态金属浇入铸型后,由于离心力作用,铸件的内表面呈抛物面,铸型转速越低,铸件高度越大,直径越小,则上、下壁厚差也越大,故立式离心铸造机适用于高度小于直径的圆环类及高度不大的空心铸件。

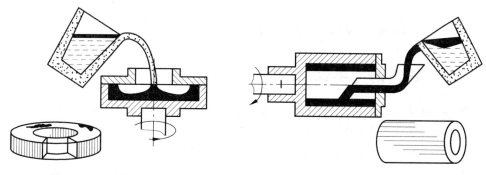

图 2-15　立式离心铸造　　　　　　　图 2-16　卧式离心铸造

卧式离心铸造机的铸型是绕水平轴旋转的,由于铸件各部分的成形条件基本相同,故所得铸件的壁厚在轴向和径向都是均匀的。卧式离心铸造机常用于长度大于直径的套类和管类铸件。

离心铸造广泛用于制造铸铁管、气缸套铜套、双金属轴承、特殊的无缝管坯等。

4. 压力铸造

压力铸造最初用于压铸铅字。早在 1822 年,威廉姆·乔奇(William Church)曾制造一台日产 1.2 万～2 万铅字的铸造机。1849 年,斯图吉斯(J. J. Sturgiss)设计并制造成第一台手动活塞式热室压铸机,并在美国获得了专利权。1885 年,默根瑟勒研究了以前的专利,发明了印字压铸机,开始只用于生产低熔点的铅、锡合金铸字,到 19 世纪 60 年代用于锌合金压铸零件的生产。

熔融金属在高压下高速充型,并在压力下凝固的铸造方法称为压力铸造,简称压铸。高压和高速是压铸区别于一般金属型铸造的重要特征。

压力铸造铸件尺寸精度高,压铸件大都不需机加工可直接使用,可以压铸形状复杂的薄壁精密铸件;铸件组织致密,力学性能好,其强度比砂型铸件提高 25%～40%;生产率高,

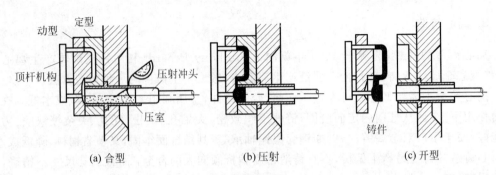

图 2-17　卧式压铸机的铸造过程

并容易实现自动化;但由于压射速度高,型腔内气体来不及排除而形成针孔;铸件凝固快,补缩困难,易产生缩松,影响铸件内在质量;且设备投资大,铸型制造费用高,周期长,故只适用于大批量生产。

另外,还有低压铸造、陶瓷型铸造等其他特种铸造方法。

2.4　铸造的特点和常用的铸造材料

2.4.1　铸造的主要优缺点

铸造的主要优点是适用性强,可铸造出孔腔等各种形状复杂的毛坯和各种尺寸的铸件,还可生产各种金属及其合金铸件,适应于铸件各种批量的生产。一般铸造生产,原料来源方便,生产准备期短,生产中的金属废料,大都可回炉再利用,故铸造生产成本低廉。

铸造的主要缺点是生产工序较多,铸件质量难以精确控制,铸件的力学性能较锻件低,一般不宜铸造承受动载荷或交变载荷的重要零件。此外,传统的砂型铸造在劳动条件和环境污染方面,问题较为突出。随着铸造新材料、新工艺、新技术的推广应用和铸造机械化、自动化的发展,上述问题正在逐步得到解决,使铸造生产的应用范围得到扩展。

2.4.2　常用的铸造材料

广义上说,常温下是固态的金属及其合金都可采用铸造方法成形。但根据材料的性能、成本和铸造过程特点,生产中常用合金主要包括铸铁、铸钢,以及铜和铝等有色合金。

1. 铸铁

铸铁是碳的质量分数大于 2.11% 的铁碳合金,常用铸铁的碳的质量分数在 $2.8\%\sim3.5\%$ 之间,并含有一定量的 Si、Mn、P、S 等元素。当 Si 的质量分数大于 4%,Mn 的质量分数大于 2%,或含有一定量有意加入的其他合金元素时,称为合金铸铁。铸铁的铸造性能好,在铸造合金中应用最广,平均占机器设备总重量的 50% 以上。

铸铁中碳是主要的合金元素,分散在其中或以化合物(Fe_3C)的形态存在,或以结晶型碳(石墨)的形态存在,存在形态不同,铸铁的性能差异很大。据此,铸铁可分为白口铸铁、麻口铸铁和灰口铸铁。

（1）白口铸铁：C 除微量溶于铁素体外，全部以 Fe_3C 的形式存在。白口铸铁的断面呈银白色，质硬而脆，难以机械加工，很少用于制造零件，仅用于不受冲击的耐磨件，如轧辊、农机用犁铧等。白口铸铁的主要用途为炼钢原料和可锻铸铁原料。

（2）麻口铸铁：属于白口铁和灰口铁之间的过渡组织，断口黑白相间，质硬而脆，难以机械加工。

（3）灰口铸铁：C 除微量溶于铁素体外，全部或大部以石墨形式存在。其断口呈灰色，应用最广。

根据铸铁中石墨形态的不同，灰口铸铁也可以分为以下几种。

① 普通灰口铸铁：石墨呈片状，简称灰铸铁。总体来说，塑韧性差，力学性能低；石墨本身的润滑作用，提高了耐磨性；石墨可吸收振动能量，增加了消振性能；成分接近于共晶，因而铸造性能好；切屑易脆断，切削性能好。

② 可锻铸铁：石墨呈团絮状，减少了片状石墨对基体的割裂作用，提高了铸铁的抗拉强度和塑韧性。

③ 球墨铸铁：石墨呈球状，强度、塑性和韧性远远超过灰铸铁，是铸铁中力学性能最好的，减振性、切削性和耐磨性等良好，疲劳强度与中碳钢接近，热处理性能好。铸造工艺比铸钢简单，成本低，可代替许多铸钢和可锻铸铁件，但工艺相对复杂。球墨铸铁常应用于受力复杂，负荷较大的重要零件。

④ 蠕墨铸铁：石墨呈蠕虫状，其铸造性能和力学性能介于灰铸铁和球墨铸铁之间；减振性和导热性都优于球墨铸铁，与灰铸铁相近；强韧性不如球墨铸铁；断面敏感性较灰铸铁小，厚大截面上性能较均匀。

2．铸钢

铸钢的应用仅次于铸铁，其产量约占铸件总产量的 15%。其主要优点是机械性能高，强度、塑性和韧性比铸铁高，焊接性能优良。

1）铸钢的分类

按照化学成分可分为碳素铸钢和合金铸钢两大类。

（1）碳素铸钢

低碳钢的熔点较高、铸造性能差，仅用于制造电机零件或渗碳零件；中碳钢强度高、有优良的塑性和韧性，适于制造形状复杂、强度和韧性要求高的零件，如火车车轮、锻锤机架和砧座、轧辊和高压阀门等，是碳素铸钢中应用最多的一类；高碳钢熔点低，其铸造性能较中碳钢好，但其塑性和韧性较差，仅用于制造少数的耐磨件。

（2）合金铸钢

根据合金元素总量的多少，合金铸钢又可分为低合金铸钢和高合金铸钢两大类。

① 低合金铸钢：我国主要应用锰系、锰硅系及铬系等。如 ZG40Mn、ZG30MnSi1、ZG30Cr1MnSi1 等，用来制造齿轮、水压机工作缸和水轮机转子等零件；而 ZG40Cr1 常用来制造高强度齿轮和高强度轴等重要受力零件。

② 高合金铸钢：具有耐磨、耐热或耐腐蚀等特殊性能。如高锰钢 ZGMn13，是一种抗磨钢，主要用于制造在干摩擦工作条件下使用的零件，如挖掘机的抓斗前壁和抓斗齿、拖拉机和坦克的履带等；铬镍不锈钢 ZG1Cr18Ni9 和铬不锈钢 ZG1Cr13 和 ZGCr28 等，对硝酸

的耐腐蚀性很高,主要用于制造化工、石油、化纤和食品等设备上的零件。

2)铸钢的铸造性能

铸钢的铸造性能远不如铸铁,为保证铸件质量,必须采取更加复杂的工艺措施:

(1)型砂性能(如强度、耐火度、透气性等)要求更高,如为了防止粘砂,铸型表面应涂耐火材料。

(2)为使钢液顺利地流动、充型和补缩,要使用更多的冒口和冷铁。

(3)要严格控制浇注温度,避免温度过高使钢液易氧化,或流动性过低。

第3章

CHAPTER 3

金属锻压成形

3.1 概　　述

1. 概念

锻压成形是指通过控制金属在外力作用下产生的塑性变形,以获得具有一定形状、尺寸和性能的型材、零件或毛坯的成形方法,又称为塑性成形或压力加工。金属经受锻压成形的能力称为金属的可锻性,通常用塑性和变形抗力表示。塑性是指金属产生塑性变形而不破坏的能力,变形抗力是金属在变形过程中抵抗工具作用的力。塑性越好,变形抗力越小,金属可在较小的外力作用下产生较大程度的塑性变形,其可锻性越好。

2. 起源与发展

锻压成形技术是历史最为久远的制造方法之一,大约有八千年至一万年的历史。世界上发现的最早的金属制品是出土于伊拉克的公元前九千年至公元前八千年间的用天然铜锻打成形的装饰物。我国在距今大约六千年前有了用锻造方法成形的黄金、红铜等有色金属制品。但人类早期的锻压生产都是以人力或畜力完成工件的锻打。14—16 世纪出现了水力落锤。19 世纪中叶,英国工程师内史密斯创制了第一台蒸汽锤,开始了蒸汽动力锻压机械的时代。19 世纪末出现了以电为动力的压力机和空气锤。20 世纪以来,锻压机械向高速、高效和自动化方向发展,出现了高速压力机、三坐标多工位压力机和多种自动化生产线。与此同时,人类对金属塑性变形机理的认识也经历了一个从"经验"到"规律"的转变。屈雷斯加和密席斯先后发现了金属发生塑性变形的条件,古布金较为全面、系统地论述了塑性变形的原理,这些为锻压成形技术的进一步发展提供了理论基础。

今天的锻压成形技术已经从早期简单的"锻打"向"净形制造"技术转变。面向 21 世纪的信息时代,塑性成形技术仍是机械制造中生产金属零件最基本的方法之一。

3. 锻压成形的分类与应用

根据成形工艺和设备的不同,锻压成形方法包括以下几类,见图 3-1。

(1)轧制是指金属坯料在两个轧辊的空隙中受压变形,以获得各种产品的加工方法。改变轧辊上的孔型,可以轧制出不同截面的原材料。

(2)挤压是指金属坯料在挤压模内受压被挤出模孔而变形的加工方法。挤压过程中金

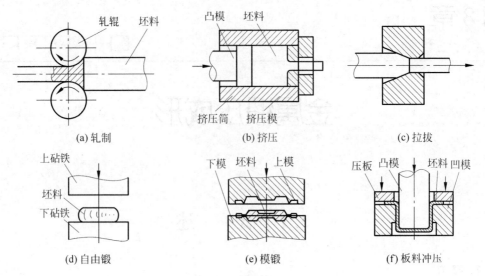

图 3-1　塑性成形生产方式

属坯料的截面依照模孔的形状减小,坯料的长度增加。

（3）拉拔是指将金属坯料拉过拉拔模的模孔而变形的加工方法。

（4）自由锻是指金属坯料在上、下砧铁间受冲击力或压力而变形的加工方法。

（5）模锻是指金属坯料在具有一定形状的锻模模膛内受冲击力或压力作用而变形的加工方法。

（6）板料冲压是指金属板料在冲模作用下产生分离或变形的加工方法。

上述不同的锻压方法在机械制造、军工、航空、轻工、家用电器等行业得到广泛应用。常用的各种金属型材,如板材、管材和线材等原材料,大多是通过轧制、挤压、拉拔等方法制成的。机器中承受重载荷或交变载荷的机械零件,如主轴、重要齿轮、连杆、炮管和枪管等,一般都是采用锻造的方法生产毛坯,再经切削加工而成。板料冲压广泛应用于汽车制造、电器、仪表及日用品工业等方面。

4. 锻压成形的特点

锻压成形能消除金属铸锭内部（铸造组织）的气孔、缩孔和树枝状晶等缺陷,并细化晶粒,得到致密的金属组织,使锻件力学性能较高。锻压成形既可生产精度要求较低的毛坯件,也可生产精度要求较高的精密锻件,如曲轴、精锻齿轮等;锻件重量几乎不受限制,小到不足 1kg,大到重达几百吨都可锻压成形;可单件小批量生产,也可大批量生产,工艺适应性较好。锻压成形在利用专用设备和模具的情况下,具有较高的生产率。锻压所用的金属材料应具有良好的塑性,以便在外力作用下,能产生塑性变形而不破坏。锻压成形不适宜加工形状较复杂的工件,特别是对具有复杂内腔的零件或毛坯的加工比较困难。

【思考与讨论】

锻压成形和铸造成形都主要用来生产零件的毛坯,两者在成形原理上有何不同? 在实际生产中能不能相互代替? 为什么?

3.2 锻造的生产过程

锻造包括自由锻造和模型锻造,是生产承受重载荷的重要零件或毛坯的主要方法。锻造生产过程一般包括下料、坯料加热、锻造成形、冷却和质量检验等工艺环节。

3.2.1 下料

下料是根据锻件的尺寸和锻造工艺要求对原材料进行分割以获得单个坯料的生产过程。传统的下料方法是用锯床、剪床、车床、砂轮切割机等设备将原材料分割开来,现在也有用电火花切割、激光切割、高压水射流切割等新的方法来进行下料切割。

3.2.2 坯料加热

1. 加热的目的和锻造温度范围

锻造加热的目的是提高坯料的塑性并降低变形抗力,以改善其可锻性。一般地说,随着温度的升高,金属材料的强度会降低,而塑性会提高,可锻性变好。但是加热温度过高,也会使锻件质量下降,甚至造成废品。因此,金属的锻造应在一定温度范围内进行。

金属材料在锻造时,所允许的最高加热温度,称为该材料的始锻温度。坯料在锻造过程中,随着热量的散失,温度下降,塑性变差,变形抗力变大。温度下降到一定程度后,不仅难以继续变形,而且易于锻裂,必须停止锻造,重新加热。各种材料停止锻造的温度,称为该材料的终锻温度。

锻造温度范围就是指从始锻温度到终锻温度的温度区间。确定原则是:在保证金属坯料具有良好的可锻性的前提下,应尽量放大锻造温度范围,以便有较允裕的时间进行锻造成形,且减少加热次数,降低材料消耗,提高生产率。

2. 加热方法

(1) 火焰加热法:采用烟煤、柴油、重油、煤气作为燃料,利用燃料中的碳、氢等可燃物质在空气中燃烧时放出的热量,将金属坯料加热。

(2) 电加热法:利用电流通过特种材料制成的电阻体产生热量,再以辐射传热方式将金属坯料加热。电加热法主要有:电阻加热法、感应加热法、电接触加热法和盐浴加热法。

3. 加热缺陷

1) 氧化和脱碳

钢是铁与碳组成的合金。在加热过程中,如果钢料与高温的氧气、二氧化碳及水蒸气等接触,发生剧烈的氧化,使坯料的表面产生氧化皮及脱碳层,影响锻件质量,严重时会造成锻件的报废。

减少氧化和脱碳的措施是严格控制送风量,快速加热,减少坯料加热后在炉中停留的时间,或采用少氧化、无氧化等加热方法。

2) 过热和过烧

加热钢料时,如果加热温度超过始锻温度,或在始锻温度下保温过久,内部的晶粒会急剧长大,这种现象称为过热。过热的锻件机械性能较差,可通过增加锻打次数或锻后热处理的办法,使晶粒细化。

如果将钢料加热到更高的温度,或让过热的钢料在高温下长时间保温,会造成晶粒间低熔点杂质的熔化和晶粒边界的氧化,削弱晶粒之间的联结力,继续锻打时会出现碎裂,这种现象称为过烧。过烧的钢料是无可挽回的废品。

要防止过热和过烧,须严格控制加热温度,不要超过规定的始锻温度,尽量缩短坯料在高温下停留的时间。

3.2.3　锻造成形

按所用设备、工具及成形工艺的不同,锻造成形可分为自由锻成形和模型锻造成形。

1. 自由锻成形

自由锻是指金属坯料在上、下砧铁间受压变形时,可朝各个方向自由流动,不受限制,其形状和尺寸主要由操作者的操作来控制。根据动力来源不同,自由锻分为手工自由锻和机器自由锻。手工自由锻只适合生产小型锻件。机器自由锻则是可生产各种大小的锻件,是自由锻的主要生产方法。

自由锻工艺灵活,设备和工具的通用性强,成本低。锻件精度较低,加工余量较大,生产率低,一般只适用于单件小批量生产。自由锻是生产重型机械中、大型和特大型锻件的唯一方法。

1) 自由锻设备

自由锻设备根据其对坯料施加外力的性质不同,分为锻锤和液压机两大类。锻锤是依靠产生的冲击力使金属坯料变形,但由于能力有限,故只用来锻造中、小型锻件。液压机是依靠产生的压力使金属坯料变形,能锻造质量达 300t 的锻件,是锻造生产大型锻件的主要设备。常用的自由锻设备是空气锤。

空气锤的结构如图 3-2(a)所示,由锤身、压缩缸、工作缸、传动机构、操纵机构、落下部分及砧座等几个部分组成。锤身和压缩缸及工作缸缸体铸成一体。传动机构包括减速机构及曲柄、连杆等。操纵机构包括踏杆(或手柄)、旋阀及其连接杠杆。空气锤的规格用落下部分的质量表示,有 65kg、75kg、150kg、250kg、500kg、750kg 等多种规格。

空气锤的传动原理如图 3-2(b)所示。电动机通过减速装置带动曲柄连杆机构运动,使压缩气缸的压缩活塞上下运动,产生压缩空气。通过手柄或踏脚杆操纵上下旋阀,使其处于不同位置时,可使压缩空气进入工作气缸的上部或下部,推动由活塞、锤杆和上砧铁组成的落下部分上升或下降,完成各种打击动作。

通过控制旋阀与两个气缸之间的连通方式,可使空气锤产生提锤、连打、下压、空转 4 种动作。

(1) 提锤:上阀通大气,下阀单向通工作气缸的下腔,使落下部分提升并停留在上方。

(2) 连打:上下阀均与压缩空气和工作气缸连通,压缩空气交替进入气缸的下腔和上腔,使落下部分上下运动,实现连续打击。

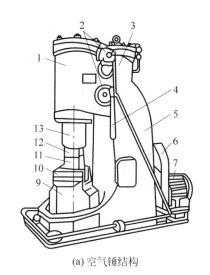
(a) 空气锤结构

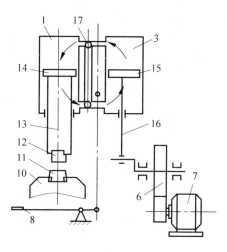
(b) 空气锤传动原理

图 3-2　空气锤的结构和传动原理

1—工作缸；2—旋阀；3—压缩缸；4—手柄；5—锤身；6—减速机构；7—电动机；

8—脚踏杆；9—砧座；10—砧垫；11—下砧铁；12—上砧铁；13—锤杆；

14—工作活塞；15—压缩活塞；16—连杆；17—上旋阀；18—下旋阀

（3）下压：下阀通大气，上阀单向通工作气缸的上腔，使落下部分压紧工件。

（4）空转：上下阀均与大气相通，压缩空气排入大气中，落下部分靠自重停落在下砧铁上。

2）自由锻工序

锻件的自由锻成形过程是通过一系列工序来完成的。根据变形性质和程度的不同，自由锻工序分为辅助工序、精整工序和基本工序三类。辅助工序是为便于基本工序的实施而使坯料预先产生少量变形的工序，如压肩、压痕等。精整工序是为修整锻件的尺寸和形状，校正弯曲和歪扭等目的而施加的工序，如滚圆、摔圆、平整、校直等。基本工序是改变坯料的形状和尺寸，实现锻件基本成形的工序，有镦粗、拔长、冲孔、弯曲、切割、扭转和错移等。

（1）镦粗

使毛坯垂直高度减小，横断面积增大的锻造工序称为镦粗，分全镦粗（见图 3-3(a)）和局部镦粗（见图 3-3(b)），主要用来制造齿轮坯、凸缘等盘类锻件。

镦粗应注意的问题如下：

① 镦粗前，坯料表面不得有凹坑、裂纹等缺陷，否则镦粗会使缺陷扩大，若裂纹超过锻件的加工余量，将产生废品。

② 镦粗时，为防止坯料的纵向弯曲，坯料加热温度要均匀，端面须平整，且垂直于轴线。坯料的高径比（H/D）应小于 0.25～3（见图 3-3(a)），否则容易镦歪（见图 3-3(c)），镦歪后可将坯料放倒，轻轻锤击加以校正（见图 3-3(d)）。操作时要夹紧坯料，以防飞出伤人。

③ 镦粗时，若锤击力不足，或者坯料的高径比偏大，便容易产生双鼓形（见图 3-3(e)）。为此，对坯料要及时校形，通常是镦粗和校形交替反复进行，以防形成夹层（见图 3-3(f)）而报废。

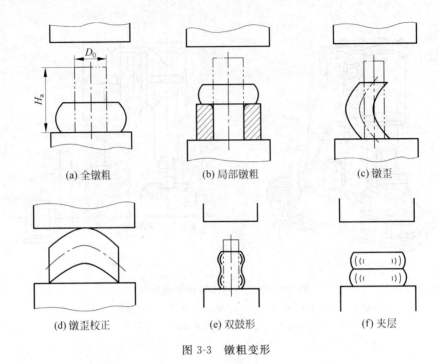

(a) 全镦粗　　(b) 局部镦粗　　(c) 镦歪

(d) 镦歪校正　　(e) 双鼓形　　(f) 夹层

图 3-3　镦粗变形

（2）拔长

使坯料的横截面面积减小、长度增加的工序称为拔长，主要用来制造曲轴、连杆等长轴类的锻件。拔长时注意的问题如下：

① 在平砧铁上拔长，可用反复左右翻转 90° 的方法顺序锻打（见图 3-4(a)）；也可以沿轴线锻完一遍后，先翻转 180° 锻校直，然后再翻转 90° 顺次锻打（见图 3-4(b)）。后一种方法适用于大型锻件的拔长。

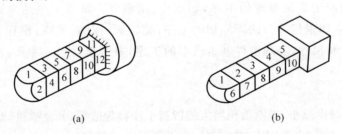

(a)　　　　　　　(b)

图 3-4　拔长锻打顺序

② 送进量须控制得当。坯料每次沿砧铁宽度方向的送进量为砧铁宽度的 $30\% \sim 70\%$（见图 3-5(a)）。送进量大，坯料主要向宽度方向流动，展宽多、延长小，反而降低了拔长效率（见图 3-5(b)）；送进量过小，若小于单面压下量，便会产生夹层（见图 3-5(c)）。

③ 坯料从大直径拔长到小直径时，应先以正方截面拔长到边长接近锻件直径时（见图 3-6），再倒棱角、滚圆校直。

④ 每次锻打后，坯料的宽高比（b/h）应小于 $2 \sim 2.5$，否则翻转 90° 再锻时容易产生弯曲。

⑤ 锻造有台阶或凹档的锻件，必须先在坯料上用圆棒压痕或用三角刀切肩（见图 3-7），然后再局部拔长。

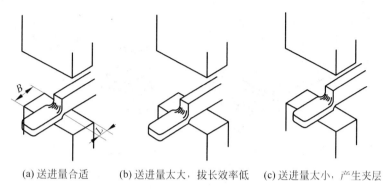

(a) 送进量合适   (b) 送进量太大, 拔长效率低   (c) 送进量太小, 产生夹层

图 3-5 拔长送进量与拔长效率

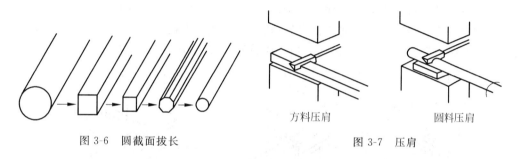

图 3-6 圆截面拔长   图 3-7 压肩

（3）冲孔

在实体坯料上冲出透孔或不透孔的锻造工序称为冲孔, 主要用来锻造齿轮、套筒、圆环等有孔的锻件, 分单面冲孔和双面冲孔（见图 3-8）。

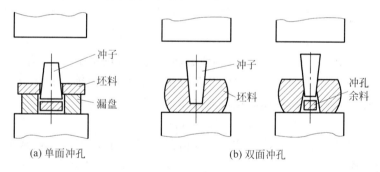

(a) 单面冲孔   (b) 双面冲孔

图 3-8 冲孔

冲孔时应注意的问题：

① 坯料加热要均匀, 防止由于塑型变形不均而将孔冲歪。

② 冲头端面要平整且与中心线垂直, 不得有裂纹, 防止歪斜伤人。

③ 冲孔前先镦粗, 以求坯料端面平整, 并减小冲孔深度。

④ 冲孔时, 先用冲头轻轻冲出孔位的凹痕, 再检查孔位是否准确, 若孔位准确方可深冲; 为便于取出冲头, 冲孔前向凹痕内撒些煤粉。

（4）弯曲

弯曲是用一定的工模具将毛坯弯成所规定的外形的锻造工序, 一般用来锻造吊钩、链环、U 形叉等各种弯曲形状的锻件。弯曲的基本方法有角度弯曲和成形弯曲（见图 3-9）。

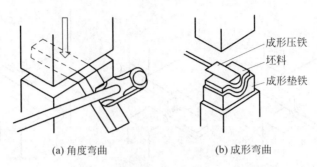

(a) 角度弯曲   (b) 成形弯曲

图 3-9 弯曲

（5）切割

坯料分割开或部分割裂的工序叫切割。方形截面工件的切割如图 3-10(a)所示，先将剁刀垂直切入工件，至快断开时，将工件翻转，再用剁刀或克棍截断。切割圆形截面工件时，要将工件放在带有凹槽的剁垫中，边切割边旋转，操作方法如图 3-10(b)所示。

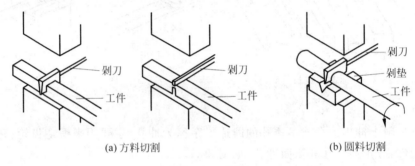

(a) 方料切割   (b) 圆料切割

图 3-10 切割

（6）扭转

将坯料的部分相对于另一部分绕其轴线旋转一定角度的锻造工序，称为扭转。图 3-11 所示的扭转方法，可使不在同一平面内的几部分组成的锻件（曲轴），先在一个平面内锻出，然后再扭转到所要求的位置，从而简化锻造操作。

（7）错移

错移是将坯料的一部分相对于另一部分错开，但仍保持轴线平行的成形方法，图 3-12 所示为坯料的错移。

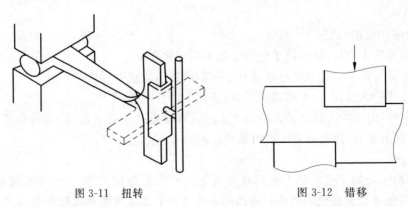

图 3-11 扭转   图 3-12 错移

3）自由锻工艺示例

用自由锻方法生产零件的毛坯时,首先应设计自由锻工艺规程,锻造车间再根据工艺规程组织生产。工艺规程设计应从优质、高效、低耗的原则出发,尽量减少工序次数和合理安排工序的顺序,以缩短工时、提高质量、节约燃料和材料。自由锻生产如图 3-13 所示齿轮轴零件的毛坯时(45 钢),工艺规程设计内容与步骤如下所述。

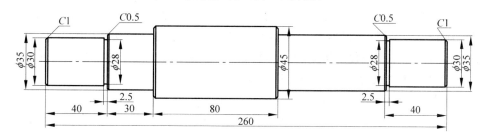

图 3-13　齿轮轴零件图

（1）绘制锻件图

自由锻件图是在零件图的基础上考虑了敷料、加工余量和锻造公差等之后绘制的。

敷料是为简化锻件形状,便于进行锻造而增加的一部分材料,也称为余块。余量是为零件的加工表面上增加供切削加工用的材料,具体数值结合生产的实际条件查表确定。公差是锻件名义尺寸的允许变动量。根据锻件形状、尺寸加以选取。

锻件图上的双点划线表示零件图的轮廓形状,在各尺寸线下面的括号内标出零件的尺寸。

齿轮轴锻件图如图 3-14 所示。

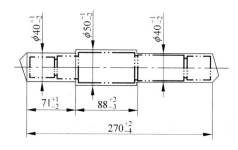

图 3-14　齿轮轴锻件图

（2）坯料质量计算

$$G_坯 = G_{锻件} + G_{烧损} + G_{料头}$$

式中：$G_坯$ 为坯料质量；$G_{锻件}$ 为锻件质量；$G_{烧损}$ 为加热时坯料表面氧化而烧损的质量,第一次加热时取被加热金属的 2%～3%,以后各次加热取 1.5%～2%；$G_{料头}$ 为在锻造过程中冲切掉的金属的质量,如冲孔时的料芯、修切时的料头等。

根据锻件图尺寸可计算出齿轮轴锻件体积,再根据材料的密度计算出锻件的质量。加上料头和烧损的质量,就可计算出齿轮轴锻件坯料质量。

（3）锻造比

坯料锻造前的横截面积和锻造后的横截面积之比,称为锻造比。为获得理想的组织性能,对不同的材料及材料状态须用不同的锻造比进行锻造。45钢的合理锻造比一般应大于1.5。

（4）确定毛坯的尺寸

根据锻造过程的变形工序和锻造比可以确定毛坯的横截面积，再由毛坯的质量求得毛坯的尺寸。确定齿轮轴锻件坯料为 ϕ50mm、长度为275mm的圆钢。

（5）确定锻造工序及设备

不同形状的锻件的锻造工序，一般应根据锻件形状和成形工序特点来选择。齿轮轴锻件为带台阶轴类小型锻件，根据表3-1可确定齿轮轴自由锻生产时所需的可能工序为压肩、拔长、摔圆等。中、小型锻件一般采用空气锤锻造，大型锻件一般采用水压机锻造。齿轮轴锻件为小型锻件，可根据工厂设备情况选用65kg、75kg空气锤。

表3-1　自由锻件类型及变形工序

锻件类别	图　　例	锻造工序
盘类锻件		镦粗（或拔长及镦粗）冲孔
轴类锻件		拔长（或镦粗及拔长），切肩和锻台阶
筒类锻件		镦粗（或拔长及镦粗），冲孔，在芯轴上拔长
环类件		镦粗（或拔长及镦粗），冲孔，在芯轴上扩孔
曲轴类件		拔长（或镦粗及拔长），错移，锻台阶，扭转
弯曲类件		拔长，弯曲

（6）锻造温度范围的确定

确定锻造温度范围的原则是保证金属在锻造过程中有较高的塑性、较小的变形抗力，同时应尽可能宽的锻造温度范围，以便减少火次，提高生产率。齿轮轴锻件材料为45钢，可根据铁碳合金图或查手册，确定锻造温度范围为800～1200℃。

（7）填写工艺卡片

将前述所制定的工艺规程的结果填写在卡片上，就形成齿轮轴自由锻件的锻造工艺卡，如表3-2所示。它是生产中的重要技术文件，是作为组织生产的依据。

表 3-2　齿轮轴零件自由锻件工艺过程

锻件名称	齿轮轴毛坯	工艺类型	自由锻
材料	45 钢	设备	75kg 空气锤
加热次数	2 次	锻造温度范围	800～1200℃

锻　件　图	坯　料　图

序号	工序名称	工序简图	使用工具	操作工艺
1	压肩		圆口钳；压肩摔子	边轻打,边旋转锻件
2	拔长		圆口钳	将压肩一端拔长至直径不小于 $\phi40\text{mm}$
3	摔圆		圆口钳；摔圆摔子	将拔长部分摔圆至 $\phi(40\pm1)\text{mm}$
4	压肩		圆口钳；压肩摔子	截出中段长度 88mm 后,将另一端压肩
5	拔长		尖口钳	将压肩一端拔长至直径不小于 $\phi40$
6	摔圆修整		圆口钳；摔圆摔子	将拔长部分摔圆至 $\phi(40\pm1)\text{mm}$

【思考与讨论】

自由锻是操作者通过对坯料的送进、翻转操作和打击力大小的掌握来控制金属的塑性变形,最终形成工件的形状。请想一想,能否像铸造一样,先制作一个带"型腔"的模具,让固态的金属在模具的"型腔"内受压变形?

2. 模型锻造成形

模型锻造是金属坯料在锻模的模膛内受压发生塑性变形而获得锻件的成形方法,简称模锻。在成形过程中,金属坯料发生塑性变形并充满模膛,形成与锻模模膛形状一致的工件。根据使用设备的不同分为锤上模锻、压力机上模锻等。

1) 锤上模锻

(1) 锤上模锻设备

锤上模锻的常用设备是蒸汽-空气模锻锤,如图3-15所示。砧座3比相同吨位自由锻锤的砧座增大约1倍,并与锤身2连成一个刚性整体,锤头7与导轨之间的配合比自由锻锤精密,使锤头工作时上模6与下模5对位精度较高。

(2) 锤上模锻所用锻模

① 锻模结构

锤上模锻生产所用的锻模如图3-16所示。带有燕尾的上模2和下模4分别用楔铁10和7固定在锤头1和模垫5上,模垫用楔铁6固定在砧座上。上模随锤头做上下往复运动。

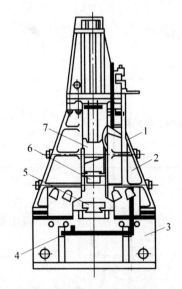

图3-15 蒸汽-空气模锻锤

1—操纵机构;2—锤身;3—砧座;
4—踏杆;5—下模;6—上模;7—锤头

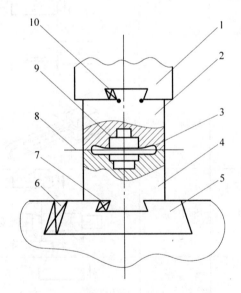

图3-16 锤上锻模生产所用的锻模

1—锤头;2—上模;3—飞边槽;4—下模;5—模垫;
6、7、10—楔铁;8—分模面;9—模膛

② 模膛的类型

根据模膛作用的不同,可分为制坯模膛和模锻模膛两种。

a. 制坯模膛

对于形状复杂的模锻件,为了使金属能合理分布和很好地充满模锻模膛,就必须预先在制坯模腔内制坯。常见的制坯模腔(见图 3-17)有以下几种。

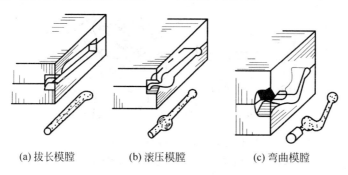

| (a) 拔长模腔 | (b) 滚压模腔 | (c) 弯曲模腔 |

图 3-17　常见的制坯模腔

拔长模腔:用来减小坯料某部分的横截面积,以增加该部分的长度;

滚压模腔:用来减小坯料某部分的横截面积,以增大另一部分的横截面积;

弯曲模腔:对于弯曲的杆类模锻件,需采用弯曲模腔来弯曲坯料;

切断模腔:在上模与下模的角部组成的一对刀口,用来切断金属,如图 3-18 所示。

b. 模锻模腔

由于金属在此种模腔中发生整体变形,故作用在锻模上的抗力较大。模锻模腔又分为终锻模腔和预锻模腔两种。

终锻模腔的作用是使坯料最后变形到锻件所要求的形状和尺寸。模腔四周有飞边槽,用于增加金属从模腔中流出的阻力,使金属更好地充满模腔,同时容纳多余的金属。有通孔的锻件,终锻后在孔内留有一薄层金属,称为冲孔连皮(见图 3-19)。把冲孔连皮和飞边槽冲掉,才能得到具有通孔的模锻件。

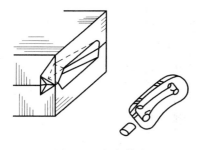

图 3-18　切断模腔

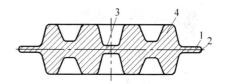

图 3-19　带有飞边槽和冲孔连皮的模锻件
1—飞边槽;2—分模面;3—冲孔连皮;4—锻件

预锻模腔的作用是使坯料变形到接近于锻件的形状和尺寸。与终锻模腔的区别是预锻模腔的圆角和斜度较大,没有飞边槽。对于形状简单或批量不够大的模锻件也可以不设预锻模腔。根据模锻件的复杂程度不同,锻模可设计成单腔锻模或多腔锻模。多腔锻模是在一副锻模上具有两个以上模腔的锻模,如弯曲连杆模锻件的锻模即为多腔锻模,如图 3-20 所示。

2) 压力机上模锻

(1) 曲柄压力机上模锻

曲柄压力机的传动系统如图 3-21 所示。当离合器 7 在结合状态时,电动机 1 的转动通

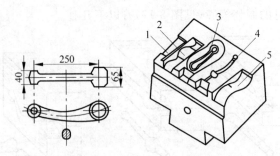

图 3-20 弯曲连杆模锻锻模

1—伸模膛；2—滚压模膛；3—终锻模膛；4—预锻模膛；5—弯曲模膛

过带轮 2、3、传动轴 4 和齿轮 5、6 传给曲柄 8，再经曲柄连杆机构使滑块 10 做上下往复直线运动。离合器处在脱开状态时，带轮 3(飞轮)空转，制动器 15 使滑块停在确定的位置上。锻模分别安装在滑块 10 和工作台 11 上。顶杆 12 用来从模膛中推出锻件，实现自动取件。曲柄压力机的吨位一般是 2～120MN。

（2）摩擦压力机模锻

摩擦压力机的工作原理如图 3-22 所示。锻模分别安装在滑块 7 和机座 9 上，电动机 5 经皮带 6 使摩擦盘 4 旋转，改变操作杆位置可以使摩擦盘沿轴向左右移动，于是飞轮 3 可先后分别与两侧的摩擦盘接触而获得不同方向的旋转，并带动螺杆 1 转动，在螺母 2 的约束下，螺杆的转动变为滑块的上下滑动，实现模锻生产。

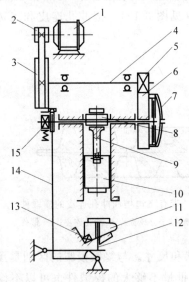

图 3-21 曲柄压力机的传动系统

1—电动机；2、3—带轮；4—传动轴；

5、6—齿轮；7—离合器；8—曲柄；9—连杆；

10—滑块；11—工作台；12—顶杆；13—楔铁；

14—连杆；15—制动器

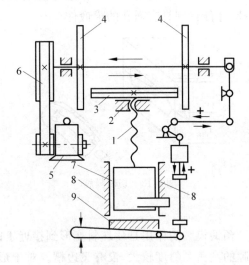

图 3-22 摩擦压力机的工作原理

1—螺杆；2—螺母；3—飞轮；4—摩擦盘；5—电动机；

6—皮带；7—滑块；8—导轨；9—机座

3.2.4　锻件的冷却

锻件的冷却是保证锻件质量的重要环节。冷却的方式有以下几种。

（1）空冷：锻件在无风的空气中，放在干燥的地面上冷却的方法。

（2）坑冷：锻件在有石棉灰、砂子或炉灰等材料的地坑或铁箱中冷却的方法。

（3）炉冷：锻件放在 $500 \sim 800$℃的加热炉中，随炉缓慢冷却的方法。

一般地说，碳素结构钢和低合金钢的中、小型锻件，锻后均采用冷却速度较快的空冷，成分复杂的合金钢锻件大都采用坑冷或炉冷。

【思考与讨论】

自由锻和模锻在锻件精度、生产率和应用上有何不同？

3.3　板 料 冲 压

板料冲压是通过模具对板料施压使之产生分离或变形，获得一定形状、尺寸和性能的零件或毛坯的加工方法。板料冲压通常是在低于板料再结晶温度的条件下进行的，因此又称为冷冲压。只有当板料厚度超过 8mm 或材料塑性较差时才采用热冲压。

冲压生产的基本工序有分离工序和变形工序两大类。

1. 分离工序

分离工序是使坯料的一部分与另一部分相互分离的工序，包括落料、冲孔等，如表 3-3 所示。

表 3-3　冲压分离工序

工序名称		工序简图	特点及应用范围
分离工序	落料	废料　零件	用模具沿封闭线冲切板料，冲下的部分为工件，其余部分为废料
	冲孔	零件　废料	用模具沿封闭线冲切板料，冲下的部分为废料
	切边		将拉深或成形后的半成品边缘部分的多余材料切除
	切断		用剪刃或模具切断板料，切断线不封闭

续表

工 序 名 称		工 序 简 图	特点及应用范围
分离工序	切口		在毛料上将板料部分切开,切口部分发生弯曲
	剖切		将半成品切开成两个或几个工件,常用于成对冲压

2. 变形工序

变形工序是使坯料的一部分相对于另一部分产生位移而不破裂的工序,包括拉深、弯曲、翻边、胀形等,如表 3-4 所示。

表 3-4　冲压变形工序

工 序 名 称		工 序 简 图	特点及应用范围
变形工序	弯曲		将毛坯或半成品制件沿弯曲线弯成一定角度和形状的制件
	拉深		把毛坯拉压成空心体,或者把空心体拉压成外形更小而板厚无明显变化的空心制件
	翻边		使毛坯的平面部分或曲面部分的边缘沿一定曲线翻起竖立直边的工序
	胀形		在双向拉应力作用下实现的变形,可以成形各种空间曲面形状的零件

续表

工序名称		工序简图	特点及应用范围
变形工序	缩口		在空心毛坯或管状毛坯的某个部位上使其径向尺寸减小
	卷圆		将板料的端部按照一定的半径卷圆
	起伏		在板料毛坯或零件的表面上用局部成形的方法制成各种形状的凸起与凹陷
	整形		校正制件成准确的形状和尺寸

第 4 章

焊 接 成 形

4.1 概　述

1. 焊接的概念

焊接是利用加热、加压或两者并用,借助于原子的结合与扩散,使分离的工件间实现永久连接的成形工艺。被焊接的工件材料称为母材,焊接材料是指焊条、焊丝、钎料等。用焊接方法形成的接头称为焊接接头。

2. 焊接的起源及发展

焊接作为连接金属件的生产方式之一,起源于人类早期的铸焊和锻焊工艺。我国出土的商朝的铁刃铜钺,是铁与铜的铸焊件;战国时期的刀剑,刀刃为钢,刀背为熟铁,是经过锻焊而成的。西方出土的一些青铜器时代的金属制品被证明是通过对搭接接头加压分段熔化制成的。早期的焊接技术长期停留在铸焊和锻焊水平上,直到 19 世纪 Hunphry Davy 发现了电弧、Edmund Davy 发现了乙炔焰,电弧和乙炔焰两种能局部熔化金属的高温热源的出现,才代表了真正意义上的焊接技术的产生。此后,随着科学技术的发展,新的焊接热源、焊接材料、焊接工艺和设备不断涌现,今天的焊接技术向高效自动化方向发展,焊接机器人、自动化焊接生产线已经成为现实,并且能焊出无内外缺陷、机械性能优于母材的焊缝。

3. 焊接的分类及应用

现代工业生产中应用的焊接方法很多,根据焊接工艺的不同将其分为熔化焊、压力焊和钎焊三类。

(1) 熔化焊:利用局部加热的方法,将工件的焊接处加热到熔化态,形成熔池,然后冷却结晶,形成焊缝。熔化焊是应用最广泛的焊接方法,包括电弧焊、电气焊、电渣焊和激光焊等。

(2) 压力焊:在焊接过程中需要对焊件施加压力(加热或不加热)的焊接方法,包括电阻焊、摩擦焊、扩散焊及爆炸焊等。

(3) 钎焊:利用熔点比母材低的填充金属熔化后,填充接头间隙并与固态的母材相互扩散,实现连接的焊接方法,包括软钎焊和硬钎焊。

现代工业生产中,焊接主要用于制造金属构件,如锅炉、压力容器、管道、车辆、船舶、桥梁、飞机、火箭、起重机等。此外还可以与铸、锻、冲压结合成复合工艺生产大型复杂件。

4. 焊接的特点

焊接与其他连接方法比较具有以下优点：节省金属材料,减轻重量,经济性好；简化了加工与装配的工艺,生产周期短,生产效率高；连接强度高,接头密封性好；焊接过程易实现机械化和自动化。焊接同时也存在一些不足,主要是焊接结构有较大的焊接应力和变形,应力集中的变化范围较大,接头性能的均匀性差,接头中存在一定数量的组织缺陷。

【思考与讨论】

连接金属的方式除焊接外,还有早期应用较为广泛的铆接,焊接与铆接有何区别？铆接、焊接与常见的机械装配中用的螺纹连接有何区别？

4.2　焊条电弧焊

4.2.1　焊条电弧焊过程

利用电弧作为焊接热源的熔化焊方法称为电弧焊,简称弧焊。用手工操纵焊条进行的电弧焊称焊条电弧焊。焊条电弧焊设备简单,维修容易,使用灵活,可以在室内、室外、高空和各种方位进行焊接,适合厚度 2mm 以上的各种金属材料的焊接,是焊接生产中应用最广泛的方法。

1. 焊接电弧

1) 电弧的产生

电弧是在焊条(电极)和工件(电极)之间产生强烈、稳定而持久的气体放电现象。先将焊条与工件相接触,瞬间有强大的电流流经焊条与焊件接触点,产生强烈的电阻热,并将焊条与工件表面加热到熔化,甚至蒸发、气化。电弧引燃后,电弧中充满了高温电离气体,放出大量的热和光,加热母材和焊条。

2) 电弧的结构

电弧由阴极区、阳极区和弧柱区三部分组成,其结构如图 4-1 所示。阴极区是电子供应区,温度约 2400K；阳极区为电子轰击区,温度约 2600K；弧柱区是位于阴阳两极之间的区域,温度较高,一般为 5000～50000K。对于直流电焊机,工件接阳极,焊条接阴极称正接；而工件接阴极,焊条接阳极称反接。

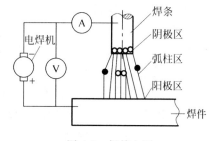

图 4-1　焊接电弧

为保证顺利引弧,焊接电源的空载电压(引弧电压)应是电弧电压的 1.8～2.25 倍,电弧稳定燃烧时所需的电弧电压(工作电压)为 29～45V。

2. 焊条电弧焊过程

用焊钳夹持焊条,将焊钳和被焊工件分别接到弧焊机的两个电极,首先引燃电弧,电弧热使母材熔化形成熔池,焊条金属芯熔化并以熔滴形式借助重力和电弧吹力进入熔池,燃烧、熔化的药皮进入熔池成为熔渣浮在熔池表面,保护熔池不受空气侵害。药皮分解产生的气体环绕在电弧周围,隔绝空气,保护电弧、熔滴和熔池金属。当焊条向前移动,新的母材熔化时,原熔池和熔渣凝固,形成焊缝和渣壳,如图4-2所示。

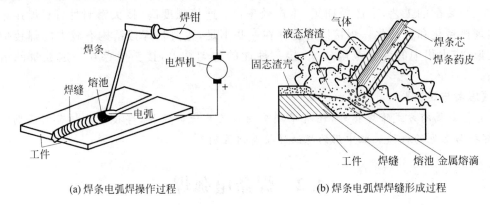

(a) 焊条电弧焊操作过程　　　　　　　　(b) 焊条电弧焊焊缝形成过程

图4-2　焊条电弧焊过程

【思考与讨论】

电弧是气体的导电现象。我们经常见到用于电力传输的高压电线从空中穿过,那电流为什么就没有通过空气呢?

4.2.2　弧焊电源和电焊条

1. 弧焊电源

电弧焊的电源为电弧焊机,简称弧焊机。弧焊机按其供给的焊接电流种类不同可分为交流弧焊机和直流弧焊机两类。

1) 交流弧焊机

交流弧焊机实际是一种降压变压器,又称弧焊变压器,如图4-3所示。该焊机的空载电压为60~90V,工作电压为20~30V,满足电弧正常燃烧的需要。其结构简单、使用方便、容易维修、价格低,但电弧稳定性较差。在我国交流弧焊机使用非常广泛。

2)直流弧焊机

生产中常用的直流弧焊机有整流式直流弧焊机和逆变式直流弧焊机等。

(1) 整流式直流弧焊机。它把交流电经过变压、整流获得直流电,既弥补了交流弧焊机电弧稳定性不好的缺点,又具有噪声小、省电、省料、效率高、制造维修简单等优点,但价格比交流弧焊机高。图4-4是常用的整流式直流弧焊机的外形,其型号为ZX5-400,"Z"表示弧焊整流器,"X"表示下降特性,"5"表示序列号,"400"表示额定焊接电流为400A。

(2) 逆变式直流弧焊机。它是新发展起来的一种高效、节能、采用电子控制方式的新型弧焊机。其工作原理是:380V交流电经三相桥式全波整流后,变成高压脉冲直流电,经滤波变成高压直流电,再经逆变器变成几千赫兹到几十千赫兹或几百千赫兹的中频高压交流电,再经过中频变压器降压、全波整流后变成适合焊接的低压直流电。其具有体积小、重量轻、高效节能、适应性强的特点,是比较理想的直流弧焊机。

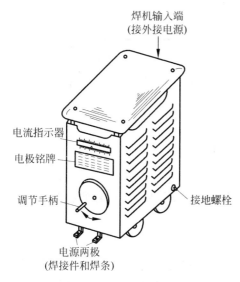

图 4-3　交流弧焊机

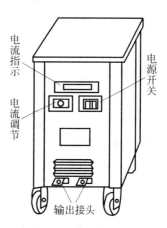

图 4-4　整流式直流弧焊机

3）弧焊机的主要技术参数

弧焊机的主要技术参数标明在焊机的铭牌上。

① 初级电压：弧焊机所要求的电源电压。一般交流弧焊机的初级电压为 220V 或 380V（单相），直流弧焊机的初级电压为 380V（三相）。

② 空载电压：弧焊机在未焊接时的输出端电压。一般交流弧焊机的空载电压为 60～80V，直流弧焊机的空载电压为 50～90V。

③ 工作电压：弧焊机在焊接时的输出端电压，一般弧焊机的工作电压为 20～40V。

④ 输入容量：网路输入弧焊机的电流和电压的乘积，它表示弧焊变压器传递功率的能力，其单位是 kVA。

⑤ 电流调节范围：弧焊机在正常工作时可提供的焊接电流范围。

⑥ 负载持续率：在规定工作周期内，弧焊机有焊接电流的时间所占的平均百分率。国标规定焊条电弧焊的工作周期为 5min。

2．电焊条

1）电焊条的组成与作用

电焊条是焊条电弧焊的焊接材料，由焊芯和药皮两部分组成，如图 4-5 所示。

（1）焊芯。焊芯有两个作用，一是作为电极导电；二是熔化后，作为填充金属，与熔化的母材共同组成焊缝金属，可以通过焊芯调整焊缝金属的化学成分。焊条的长度就是指焊芯的长度，焊条的直径就是指焊芯的直径。焊芯直径为 2mm、2.5mm、3.2mm、4mm、5mm 等。

（2）药皮。焊条药皮是压涂在焊芯表面上的涂料层，原材料包括矿石、铁合金、有机物和化工产品等。药皮的主要作用有 3 个方面：改善焊接工艺性，如药皮中含有稳弧剂，使电弧易于引燃和保持燃烧稳定；对焊接区起保护作用，药皮中含有造渣剂、造气剂等，产生气体和熔渣，对焊缝金属起双重保护作用；起冶金处理作用，药皮中含有脱氧剂、合金剂、稀渣

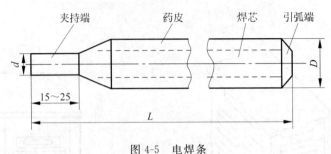

图 4-5   电焊条

L—焊条长度；D—药皮直径；d—焊芯直径(焊条直径)

剂等,使熔化金属顺利进行脱氧、脱硫、去氢等冶金化学反应,并补充被烧损的合金元素。

2) 焊条的种类、型号与牌号

(1) 焊条分类

焊条按用途不同分为十大类:结构钢焊条、钼和铬钼耐热钢焊条、低温钢焊条、不锈钢焊条、堆焊焊条、铸铁焊条、镍及镍合金焊条、铜及铜合金焊条、铝及铝合金焊条及特殊用途焊条。其中结构钢焊条分为碳钢焊条和低合金钢焊条。

结构钢焊条按药皮性质不同可分为酸性焊条和碱性焊条两种,酸性焊条药皮中含有大量酸性氧化物(SiO_2、MnO_2 等),碱性焊条药皮中含大量碱性氧化物(如 CaO 等)和萤石(CaF_2)。由于碱性焊条药皮中不含有机物,药皮产生的保护气中氢含量极少,所以又称为低氢焊条。

(2) 焊条型号与牌号

焊条型号是国家标准中规定的焊条代号。焊接结构件生产中应用最广的是碳钢焊条和低合金钢焊条,型号标准见 GB/T 5117—1995 和 GB/T 5118—1995。国家标准规定,碳钢焊条型号由字母 E 和 4 位数字组成,如 E4303、E5016、E5017 等,其含义如下:

"E"表示焊条。

前两位数字表示熔敷金属的最小抗拉强度,单位为 MPa。

第三位数字表示焊条的焊接位置,"0"及"1"表示焊条适于全位置焊接(平、立、仰、横);"2"表示只适于平焊和平角焊;"4"表示立焊。

第三位和第四位数字组合时表示焊接电流种类及药皮类型。

焊条牌号是焊条生产行业统一的焊条代号。焊条牌号用一个大写汉语拼音字母和 3 个数字表示,如 J422、J507 等。拼音表示焊条的大类,如"J"表示结构钢焊条,"Z"表示铸铁焊条;前两位数字代表焊缝金属抗拉强度等级,单位为 MPa;末位数字表示焊条的药皮类型和焊接电流种类,1～5 为酸性焊条,6、7 为碱性焊条。

4.2.3   焊条电弧焊工艺

1. 焊接工艺参数

焊接工艺参数包括焊条直径、焊接电流、电弧电压和焊接速度等。

(1) 焊条直径(参见表 4-1)。选择焊条直径主要依据焊件厚度,同时考虑接头形式和焊接位置等。在保证焊接质量的前提下,应尽可能选用大直径焊条,以提高生产率。

表 4-1　低碳钢焊条直径、焊接电流与焊件厚度的关系

焊件厚度 δ/mm	2	3	4~5	6~8
焊条直径 d/mm	2	3.2	4	5
焊接电流 I/A	55~60	100~130	160~210	220~280

（2）焊接电流。焊接电流是焊条电弧焊的主要参数，它的选择主要是依据焊条的直径。

（3）电弧电压。电弧电压由弧长决定。电弧长则电压高，反之则低。正常的电弧长度是小于或等于焊条的直径。

（4）焊接速度。焊接速度指单位时间内焊接电弧沿焊接方向移动的距离。焊条电弧焊时，焊接速度由焊工凭经验掌握。

焊接工艺参数对焊接质量有很大的影响，图 4-6 表示焊接电流和焊接速度对焊缝形状的影响。

合适的焊接电流和焊接速度得到规则的焊缝，如图 4-6（a）所示，焊波均匀且呈椭圆形，焊缝到母材过渡平滑，外观尺寸符合要求。

焊接电流太小时，焊缝到母材过渡突然，熔宽和熔深减小，余高增大，见图 4-6（b）。

焊接电流太大时，焊条熔化快，飞溅多，焊波尖，熔宽和熔深增加，焊缝下塌，出现烧穿，见图 4-6（c）。

焊接速度太慢时，焊波变圆，熔宽、熔深和余高均增大，见图 4-6（d）。

焊接速度太快时，焊波变尖，熔宽、熔深和余高均减小，见图 4-6（e）。

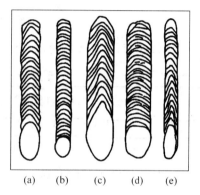

(a)　(b)　(c)　(d)　(e)

图 4-6　焊接电流和焊接速度对焊缝形状的影响

2. 焊接接头形式和坡口形式

焊接接头设计主要包括接头形式和坡口形式等的确定，设计时应综合考虑焊件的结构形状、强度要求、工件厚度、焊后变形大小、焊条消耗量、坡口加工难易程度、焊接方法等因素。

1）焊接接头形式

焊接碳钢和低合金钢常用的接头可分为对接、搭接、角接和 T 形接等形式。常见的焊接接头形式如图 4-7 所示。

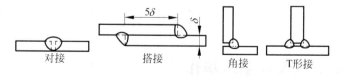

对接　　搭接　　角接　　T 形接

图 4-7　焊条电弧焊焊接接头形式

2）焊接坡口形式

开坡口的目的是使焊件接头根部焊透，同时焊缝美观，此外，通过控制坡口的大小，来调节焊缝中母材金属与填充金属的比例，以保证焊缝的化学成分。

焊条电弧焊对接接头坡口的基本形式有 I 形坡口(或称不开坡口)、Y 形坡口、双 Y 形坡口、带钝边 U 形坡口 4 种。不同的接头形式有各种形式的坡口,其选择主要根据焊件的厚度(见图 4-8)。施焊时,对 I 形坡口、Y 形坡口和带钝边 U 形坡口,可根据实际情况,采用单面焊或双面焊完成(见图 4-9)。一般情况下,能双面焊尽量采用双面焊,因为双面焊容易焊透。

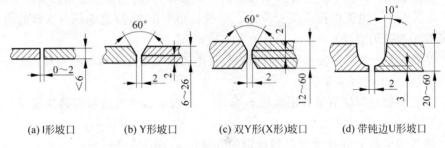

(a) I形坡口　　(b) Y形坡口　　(c) 双Y形(X形)坡口　　(d) 带钝边U形坡口

图 4-8　焊条电弧焊对接接头坡口形式

焊件较厚时,为了焊满坡口,要采用多层焊或多层多道焊,如图 4-10 所示。

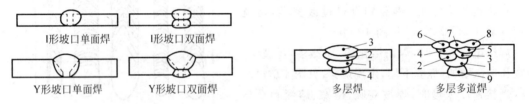

图 4-9　单面焊和双面焊　　　　　图 4-10　对接接头 Y 形坡口的多层焊和多层多道焊

3. 焊接位置

在实际生产中,焊缝在空间有平焊、立焊、横焊和仰焊等不同的施焊位置,如图 4-11 所示。平焊时操作方便,劳动条件好,生产率高,焊缝质量容易保证,立焊、横焊位置次之,仰焊位置最差。

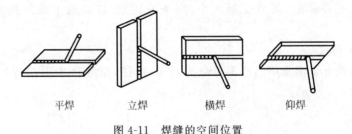

平焊　　　　立焊　　　　横焊　　　　仰焊

图 4-11　焊缝的空间位置

4.2.4　焊条电弧焊基本操作

1. 引弧

引弧就是使焊条和焊件之间产生稳定的电弧。引弧时,首先将焊条末端与焊件表面接触形成短路;其次迅速将焊条向上提起 2~4mm 的距离,电弧即引燃。引弧方法有两种,即敲击法和摩擦法(见图 4-12)。

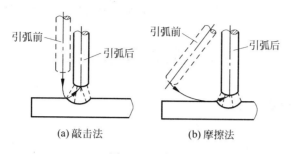

(a)敲击法　　　　(b)摩擦法

图 4-12　引弧

2. 堆平焊波

堆平焊波就是在平焊位置的焊件上堆焊焊缝,这是手弧焊最基本的操作。初学者练习时,关键是掌握好焊条角度和运条动作(见图 4-13),保持合适的电弧长度和均匀的焊接速度。

3. 对接平焊

对接平焊在实际生产中最常用,其操作技术和堆平焊波基本相同。厚度为 4～6mm 的低碳钢板的对接平焊操作过程如下所述。

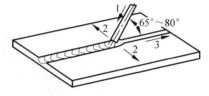

图 4-13　运条的基本操作
1—向下送进;2—左右摆动;3—沿焊接方向移动

(1) 坡口准备。钢板厚 4～6mm,可采用 I 形坡口双面焊。调直钢板,保证接口处平整。

(2) 焊前清理。焊件的坡口表面和坡口两侧各 20mm 范围内,要清除铁锈、油污、水分。

(3) 组对。将两块钢板水平放置、对齐,如图 4-14 所示,两块钢板间留 1～2mm 间隙。

(4) 定位焊。在钢板两端先焊上一小段长 10～15mm 的焊缝,以固定两块钢板的相对位置,焊后把渣清除干净,这种固定待焊焊件相对位置的焊接称为定位焊(见图 4-15)。若焊件较长,则可每隔 200～300mm 进行一次定位焊。

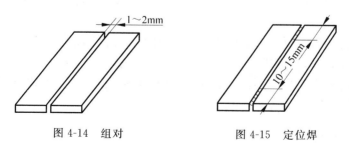

图 4-14　组对　　　　　图 4-15　定位焊

(5) 焊接。选择合适的工艺参数进行焊接,先焊定位焊缝的反面,焊后除渣,再翻转焊件焊另一面,焊后除渣。

(6) 焊后清理。除上述清除渣壳以外,还应把焊件表面的飞溅等清理干净。

(7) 检查焊缝质量。检查焊缝外形和尺寸是否符合要求,有无焊接缺陷。

【思考与讨论】

用没有药皮的焊条能不能焊接？还可用什么保护代替药皮的保护？

4.3　其他焊接方法

4.3.1　气体保护焊

1. 氩弧焊

氩弧焊是以氩气作为保护气体的电弧焊，氩气是惰性气体，可保护电极和熔化金属不受空气的有害作用，在高温条件下，氩气与金属既不发生反应，也不溶入金属中。

根据所用电极的不同，氩弧焊可分为两种（见图4-16）：非熔化极（钨极）氩弧焊，一般适于焊接厚度小于4mm的薄板件；熔化极氩弧焊，适于焊接中厚板。

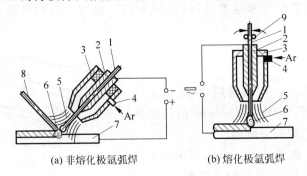

(a) 非熔化极氩弧焊　　　　(b) 熔化极氩弧焊

图 4-16　氩弧焊

1—电极或焊丝；2—导电嘴；3—喷嘴；4—进气管；5—氩气流；
6—电弧；7—工件；8—填充焊丝；9—送丝辊轮

氩弧焊的特点：

(1) 用氩气保护可焊接化学性质活泼的非铁金属及其合金或特殊性能钢，如不锈钢等。

(2) 电弧燃烧稳定，飞溅小，表面无熔渣，焊缝成形美观，质量好。

(3) 电弧在气流压缩下燃烧，热量集中，焊缝周围气流冷却，热影响区小，焊后变形小，适宜薄板焊接。

(4) 明弧可见，操作方便，易于自动控制，可实现各种位置焊接。

(5) 氩气价格较贵，焊件成本高。

综上所述，氩弧焊主要适于焊接铝、镁、钛及其合金、稀有金属、不锈钢、耐热钢等。脉冲钨极氩弧焊还适于焊接0.8mm以下的薄板。

2. CO_2 气体保护焊

CO_2 气体保护焊简称 CO_2 焊，是利用廉价的 CO_2 作为保护气体。CO_2 焊的焊接过程如图4-17所示。

1) CO_2 气体保护焊的焊接过程

CO_2 气体经焊枪的喷嘴沿焊丝周围喷射，形成保护层，使电弧、熔滴和熔池与空气隔

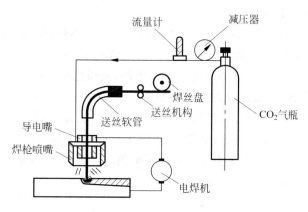

图 4-17 CO₂ 焊的焊接过程

绝。由于 CO_2 气体是氧化性保护气体,在高温下能使金属氧化,烧损合金元素,所以不能焊接易氧化的非铁金属和不锈钢。因 CO_2 气体的冷却能力强,熔池凝固快,焊缝中易产生气孔。若焊丝中含碳量高,飞溅较大。因此要使用冶金中能脱氧和渗合金的特殊焊丝来焊接。常用的 CO_2 焊焊丝是 H08Mn2SiA,适于焊接抗拉强度小于 600MPa 的低碳钢和普通低合金结构钢。为了稳定电弧,减少飞溅,CO_2 焊采用直流焊接。

2) CO_2 气体保护焊的工艺特点

CO_2 气体保护焊的优点是生产率高、成本低、焊接热影响区小、焊后变形小、适应性强、能全位置焊接,易于实现自动化。其缺点是焊缝成形稍差、飞溅较大、焊接设备较复杂。此外,由于 CO_2 是氧化性保护气体,不宜焊接非铁金属和不锈钢,主要适用于焊接低碳钢和强度级别不高的普通低合金结构钢焊件,焊件厚度最厚可达 50mm(对接形式)。

4.3.2 气焊与氧气切割

1. 气焊

气焊是利用气体火焰作为热源的焊接方法,如图 4-18 所示。气焊通常使用的气体是乙炔和氧气。乙炔和氧气混合燃烧形成的火焰称为氧-乙炔焰,其温度可达 3150℃ 左右。与焊条电弧焊相比,气焊设备及操作简便,灵活性强,熔池温度容易控制,易于实现单面焊双面成形。气焊不需要电源,这给野外作业带来便利。但气焊热源的温度较低,加热缓慢,生产率低,焊件变形大,焊缝保护效果较差。

1) 气焊设备

气焊所用的设备主要由氧气瓶、乙炔瓶(或乙炔发生器)、减压器、回火保险器、焊炬及橡胶管等组成。

① 氧气瓶。氧气瓶是运送和储存高压氧气的容器,容积 40L,瓶内最大压力约 15MPa。氧气瓶外表涂成天蓝色,并用黑漆标明"氧气"字样。

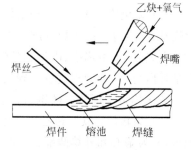

图 4-18 气焊示意图

② 乙炔瓶。乙炔瓶外表涂成白色,并用红漆写上"乙炔"和"火不可近"字样。

③ 减压器。减压器是将高压气体降为低压气体的调节装置。对不同性质的气体,必须

选用符合各自要求的专用减压器。

④ 回火保险器。正常气焊时,火焰在焊炬的焊嘴外面燃烧,但当气体供应不足、焊嘴阻塞、焊嘴太热或焊嘴离焊件太近时,火焰会沿乙炔管路向里燃烧。这种火焰进入喷嘴内逆向燃烧的现象称为回火。如果回火蔓延到乙炔发生器,就可能引起爆炸事故。回火保险器的作用就是截留回火气体,保证乙炔发生器的安全。

⑤ 焊炬。焊炬的作用是将乙炔和氧气按一定比例均匀混合,由焊嘴喷出后,点火燃烧,产生气体火焰。常用的氧乙炔射吸式焊炬如图 4-19 所示。常用型号有 H01-2 和 H01-6 等,型号中"H"表示焊炬,"0"表示手工,"1"表示射吸式,"2"和"6"分别表示可焊接低碳钢的最大厚度为 2mm 和 6mm。

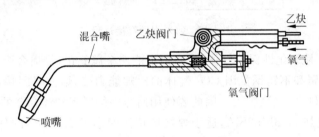

图 4-19 氧乙炔吸射式焊炬示意图

2) 气焊火焰

改变氧气和乙炔的比例,可获得 3 种不同性质的火焰,参见图 4-20。

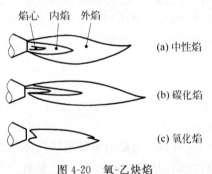

图 4-20 氧-乙炔焰

(1) 中性焰:氧气和乙炔的体积混合比为 1.1~1.2 时燃烧所形成的火焰,又称为正常焰,它由焰心、内焰和外焰三部分构成。焰心呈尖锥状,轮廓清晰,色白明亮;内焰为蓝白色,轮廓不清晰,微微闪动,主要利用内焰加热焊件;外焰由里到外逐渐由淡紫色到橙黄色。中性焰在距离焰心前面 2~4mm 处温度最高,可达 3150℃。

中性焰适用于焊接低碳钢、中碳钢、普通低合金钢、不锈钢、紫铜等金属材料。

(2) 碳化焰:氧气和乙炔的体积混合比小于 1.1 时燃烧所形成的火焰。由于氧气较少,燃烧不完全,过多的乙炔分解为碳和氢,其中碳会渗到熔池中造成焊缝增碳。碳化焰比中性焰的火焰长,也由焰心、内焰和外焰构成,整个火焰长而软,其明显特征是焰心呈亮白色、内焰呈乳白色、外焰为橙黄色。碳化焰的最高温度为 2700~3000℃。

碳化焰适于焊接高碳钢、铸铁和硬质合金等材料。

(3) 氧化焰:氧气和乙炔的体积混合比大于 1.2 时燃烧所形成的火焰。氧化焰比中性焰短,分为焰心和外焰两部分。由于火焰中有过多的氧气,故对熔池金属有强烈的氧化作用,一般气焊时不宜采用。只有在气焊黄铜、镀锌铁板时才采用轻微氧化焰,以利用其氧化性,在熔池表面形成氧化物薄膜,减少低沸点的锌的蒸发。氧化焰的最高温度为 3100~3300℃。

3) 气焊基本操作

(1) 点火、调节火焰与灭火

点火时,先微开氧气,再开乙炔阀,然后从侧面点燃火焰。这时的火焰是碳化焰,然后,逐渐开大氧气阀门,火焰逐渐变短,直至白亮的焰心出现淡白色微微闪动的火焰时为止,此时的火焰为中性焰。同时,按需要把火焰大小也调整合适。灭火时,先关乙炔阀门,后关氧气阀门。发生回火时,应迅速关闭氧气阀,再关闭乙炔阀。

（2）堆平焊波

气焊时,一般用左手拿焊丝,右手拿焊炬,两手的动作要协调,沿焊缝向左或向右焊接。当焊接方向由右向左时,气焊火焰指向焊件未焊部分,称为左焊法,适宜焊接薄件和低熔点焊件。当焊接方向由左向右时,气焊火焰指向焊缝,称为右焊法,适宜焊接厚件和高熔点焊件。

焊嘴轴线的投影应与焊缝重合,同时要注意掌握好焊嘴与焊件的夹角 α,如图 4-21 所示。焊件愈厚,α 愈大。在焊接开始时,为了较快地加热焊件和迅速形成熔他,α 应大些。正常焊接时,一般保持 α 在 $30°\sim50°$ 范围内。当焊接结束时,α 适当减小,以便更好地填满熔池和避免焊穿。

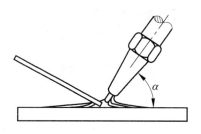

图 4-21　焊炬角度示意图

焊炬向前移动的速度应能保证焊件熔化并保持熔池具有一定的大小。焊件熔化形成熔池后,再将焊丝适量地点入熔池内熔化。

2. 氧气切割

氧气切割（简称气割）是根据金属在氧气流中能够剧烈氧化的原理,利用割炬来进行切割。

气割时用割炬代替焊炬,其余设备与气焊相同,割炬的外形如图 4-22 所示。

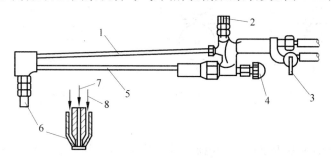

图 4-22　割炬的外形

1—切割氧气管；2—切割氧气阀门；3—乙炔阀门；4—预热氧气阀门；

5—预热焰混合气体管；6—割嘴；7—氧气；8—混合气体

1）气割过程

氧气切割的过程是用氧乙炔火焰将割口附近的金属预热到燃点（约 1300℃,呈黄白色）。然后打开切割氧气阀门,氧气射流使高温金属立即燃烧,生成的氧化物同时被氧流吹走。金属燃烧时产生的热量和氧乙炔火焰一起又将邻近的金属预热到燃点,沿切割线以一定的速度移动割炬,即可形成割口。气割的过程是金属在纯氧中燃烧的过程,而非熔化过程。

2) 金属气割的条件

(1) 金属的燃点必须低于其熔点,这是保证切割是在燃烧过程中进行的基本条件。否则切割时金属先熔化,使割口过宽,难以形成平整的割口。

(2) 燃烧生成的金属氧化物的熔点,应低于金属本身的熔点,同时流动性要好。否则,就会在割口表面形成固态氧化物,阻碍下层金属与切割氧气的接触,使切割过程不能正常进行。

(3) 金属燃烧时能放出大量的热,而且金属本身的导热性要低。这是为了保证金属有足够的预热温度,使切割过程能连续进行。铜及其合金燃烧时放热较少而导热性很好,因而不能进行气割。

满足上述条件的金属材料有纯铁、低碳钢、中碳钢和普通低合金结构钢等。

【思考与讨论】

气焊与气体保护焊有什么不同?

4.3.3 电阻焊

电阻焊是将焊件组合后通过电极施加压力,利用电流通过焊件及其接触处所产生的电阻热,将焊件局部加热到塑性或熔化状态,然后在压力下形成焊接接头的焊接方法。

根据工件接头形式和电极形状,电阻焊分为点焊、缝焊和对焊 3 种,如图 4-23 所示。

1. 点焊

点焊是利用柱状电极加压通电,在搭接工件接触面之间产生电阻热,将焊件加热并局部熔化,形成一个熔核,在压力下熔核结晶成焊点,如图 4-23(a)所示。

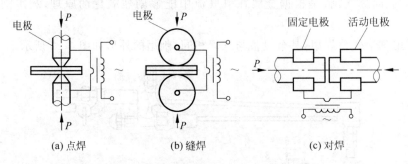

(a) 点焊　　　　(b) 缝焊　　　　(c) 对焊

图 4-23 电阻焊示意图

影响点焊质量的主要因素有焊接电流、通电时间、电极压力及工件表面情况等。

点焊主要适用于厚度为 0.05~6mm 的薄板、冲压结构及线材的焊接,目前,点焊已广泛应用于制造汽车、飞机、车厢等薄壁结构以及罩壳和轻工、生活用品等。

2. 缝焊

缝焊过程与点焊相似,只是用旋转的圆盘状滚动电极代替柱状电极,焊接时,盘状电极压紧焊件并转动(也带动焊件向前移动),配合断续通电,即形成连续重叠的焊点,因此称为缝焊,如图 4-23(b)所示。

缝焊主要用于制造要求密封性的薄壁结构,如油箱、小型容器与管道等,适用于厚度在

3mm 以下的薄板结构。

3. 对焊

对焊是利用电阻热使两个工件在整个接触面上焊接起来的一种方法,可分为电阻对焊和闪光对焊。

对焊主要用于刀具、管子、钢筋、钢轨、锚链、链条等的焊接,如图 4-23(c)所示。

4.3.4　钎焊

钎焊是利用熔点比焊件低的钎料作为填充金属,加热时钎料熔化而母材不熔化,利用液态钎料润湿母材,填充接头间隙并与母材相互扩散而将焊件连接起来的焊接方法。

钎焊接头的承载能力很大程度上取决于钎料,根据钎料熔点的不同,钎焊可分为硬钎焊与软钎焊两类。

1. 硬钎焊

硬钎焊为钎料熔点在 450℃ 以上,接头强度在 200MPa 以上的钎焊。属于这类的钎料有铜基、银基钎料等。钎剂主要有硼砂、硼酸、氟化物和氯化物等。硬钎焊主要用于受力较大的钢铁和铜合金构件的焊接,如自行车架、刀具等。

2. 软钎焊

软钎焊为钎料熔点在 450℃ 以下,焊接接头强度较低,一般不超过 70MPa 的钎焊。如锡焊,所用钎料为锡铅,钎剂有松香、氧化锌溶液等。软钎焊广泛用于电子元器件的焊接。

3. 钎焊的特点

(1) 工件加热温度较低,组织和力学性能变化很小,变形也小。接头光滑平整,工件尺寸精确。

(2) 可焊接性能差异很大的异种金属,对工件厚度的差别也没有严格限制。

(3) 生产率高,工件整体加热时,可同时钎焊多条接缝。

(4) 设备简单,投资费用少。

(5) 钎焊的接头强度较低,尤其是动载强度低,允许的工作温度不高。

第5章

金属切削加工技术

5.1 概　述

金属切削加工是指利用切削刀具或工具从诸如铸件、锻件等毛坯上切除多余的材料,获得符合图样技术要求的零件的方法,它在机械制造中应用十分广泛。

切削加工分为机械加工和钳工加工。而机械加工是指通过人工操作机床来完成加工的方法和过程,占机械制造总工作量的40%~60%。

切削加工的历史可追溯到原始人创造石劈、骨钻等劳动工具的旧石器时期。中国是世界上机械发展最早的国家之一,商代晚期(公元前12世纪),曾用青铜钻头在卜骨上钻孔;战国时期流传的《考工记》是现存最早的手工艺专著,其中记有车轮的制造工艺;西汉时期,就已使用杆钻和管钻,用加砂研磨的方法在"金缕玉衣"的4000多块坚硬的玉片上钻了18000多个直径1~2mm的孔;公元1668年,中国人曾以畜力驱动,用多齿刀具铣削天文仪上直径达2丈(古丈)的大铜环(见图5-1),然后再用磨石进行精加工。

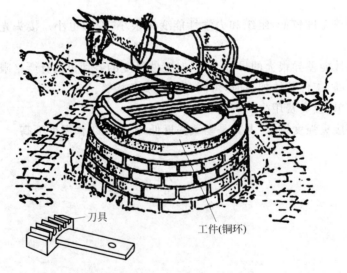

图 5-1　畜力驱动铣削天文仪铜环

18世纪后半期的英国工业革命开始后,由于蒸汽机和近代机床的发明,切削加工开始用蒸汽机作为动力。19世纪70年代,切削加工开始广泛使用电力。机械工业的发展和进步,在很大程度上取决于切削加工技术的发展。1775 年英国人威尔逊成功地改造了一台汽缸镗床,才使 1769 年瓦特发明的蒸汽机得以推广应用,从而迎来了第一次世界产业革命。

随着机床和刀具材料的不断进步,切削加工的精度、效率和自动化程度不断提高,应用范围也日益扩大,从而促进了现代机械制造业的发展。

5.2　机械加工基础知识

机械加工的基本方法有车、钻、刨、铣、磨及齿轮加工等,与之对应完成这些工序所使用的机床就是车床、钻床、刨床、铣床、磨床及齿轮加工机床。常用机械加工机床及其切削运动见图 5-2。

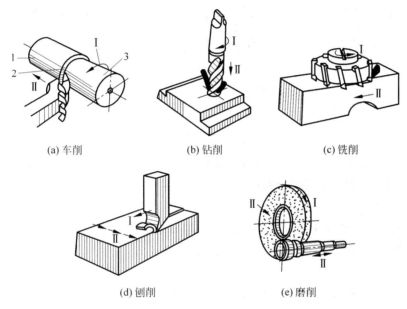

(a) 车削　　　　　　　(b) 钻削　　　　　　　(c) 铣削

(d) 刨削　　　　　　　(e) 磨削

图 5-2　常见的切削运动简图

1—待加工表面；2—过渡表面；3—已加工表面

Ⅰ—主运动；Ⅱ—进给运动

【思考与讨论】

选用适当的加工机床和制定与之适应的工艺方法的主要依据是零件的表面特征、质量要求等因素。对于形状复杂或加工精度和表面质量要求较高的零件,要经过几道甚至几十道加工工序才能完成。如锤头手柄的主要加工工序是在车床上完成的;锤头体斜面是在铣床上加工完成的,锤头体两平行面可由刨床、铣床或磨床完成。

5.2.1　切削运动和切削用量

1. 切削运动

切削加工时,工件和刀具之间的相对运动叫切削运动,只有产生相对运动才能切掉工件毛坯上的多余材料。切削运动包括主运动和进给运动,主运动是切下切屑所必需的基本运动,使切削层不断投入的运动叫进给运动。

各种机床进行切削加工时,其主运动只有一个,通常是速度最高、消耗机床动力最大的运动。进给运动可以是一个或几个,它一般速度较低,消耗功率较小。

【思考与讨论】

根据主运动和进给运动的概念,指出钻削、刨削、铣削和磨削的主运动和进给运动各是什么。

2. 切削用量三要素

在切削过程中,工件上形成 3 个表面:待加工表面、已加工表面和过渡表面,如图 5-3 所示。

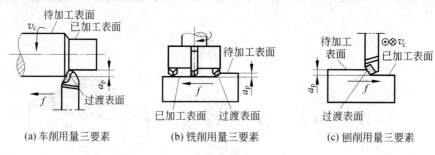

图 5-3   切削用量三要素

切削速度、进给量、背吃刀量是切削用量的三要素,是影响工件加工质量和生产率的重要因素,切削时要根据加工条件合理选用。

1)切削速度 v_c

主运动的速度为切削速度,严格定义是:切削刃选定点相对于工件主运动的瞬时速度。切削速度用单位时间内工件和刀具沿主运动方向的相对位移来表示,即工件过渡表面相对刀具的线速度。

例如,当主运动是旋转运动时(见图 5-3),则切削速度为

$$v = \frac{\pi D n}{60 \times 1000} \quad \text{m/s}$$

式中:D 为待加工表面直径,mm;n 为工件转速,r/min。

2)进给量 f

主运动一个循环或单位时间内刀具与工件之间沿进给运动方向的相对位移,称为进给量。车削外圆时进给量单位是 mm/r、刨削时为 mm/str。

3)背吃刀量 a_p(也称切深)

切刀每次切入工件的深度,称为背吃刀量,单位为 mm。

5.2.2   常用切削刀具的材料

1. 刀具材料应具备的性能

刀具的切削部分要承受很大的压力、摩擦力、冲击力和很高的温度,因此刀具切削部分的材料应具备高硬度和耐磨性、足够的强度和韧性、高热硬性(红硬性)等性能。另外,热处理

变形小(尤其复杂形状刀具)、良好的工艺性(如容易刃磨)和经济性也是刀具材料应该具备的。

2．常用刀具材料

刀具材料有碳素工具钢、合金工具钢、高速工具钢、硬质合金、陶瓷、立方碳化硼和金刚石等。

5.2.3　加工零件的技术要求

为保证加工后的零部件精度符合设计要求,满足零部件间的配合精度及其互换性和使用性能的需要,应根据零件的不同作用提出不同的技术条件,以保证质量和加工的经济性。这些技术要求包括表面粗糙度、尺寸精度、形状精度、位置精度及材料的热处理与表面热处理等。

1．加工精度

所谓精度,是指零件加工后的几何参数与理想参数(即设计图样、工艺规程等)的符合程度。但在实际加工中,由于种种原因,不可能把零件加工得绝对准确,总存在偏差,这种偏差就是加工误差。加工误差愈小,则加工精度愈高。

零件的精度包括尺寸精度、形状精度及各表面的相互位置精度。

1) 尺寸精度

尺寸精度是指加工表面自身的尺寸和不同表面间尺寸的准确程度,用标准公差等级来反映。用 IT 表示,分 20 个等级:IT01、IT0、IT1、…、IT18,数字愈大,等级愈低。

2) 形状精度

形状精度是指零件实际形状对理想形状的符合程度。其名称和符号有:直线度—、平面度▱、圆度○、圆柱度◢、线轮廓度⌒、面轮廓度◠。

3) 位置精度

位置精度是指零件实际位置和理想位置相符合的程度。其名称和符号有:平行度∥、垂直度⊥、倾斜度∠、同轴度◎、对称度⚌、位置度⊕、圆跳动↗、全跳动↗。

2．表面粗糙度

表面质量常用表面粗糙度来表示。表面粗糙度指零件的微观几何形状误差,常用轮廓算术平均偏差 Ra 来表示。表面粗糙度一般用表面粗糙度比较样板来检验,通常凭操作者的经验来判定,在检验精度要求较高时可用表面粗糙度测试仪等来测定。

5.2.4　常用量具

加工出的零件是否符合图样要求,需用量具进行测量。由于零件形状各异,它们的精度等级和表面质量不一,因此需用不同的量具去检测。对于批量较小、产品价值高或空间尺寸十分复杂的零件则在高精度测量机(仪)上检测;而对于批量较大或空间尺寸十分复杂的零件则需要制作专用测量夹具来进行测量。

量具种类很多,这里仅介绍几种常用的量具。

1．游标卡尺

游标卡尺是一种结构简单、比较精密的量具,一般准确度在 0.1mm~0.02mm。一般分为游标卡尺、游标深度尺和游标高度尺等几种。目前已有读数较方便的表盘刻度显示或数字显示卡尺。

2．千分尺

千分尺是一种比游标卡尺更为精密的量具,其测量准确度为 0.001mm,有内径、外径和深度千分尺 3 种类型。图 5-4 所示为千分尺及其组成。

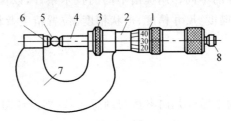

图 5-4　千分尺的组成

1—微分筒；2—固定套筒；3—制动环；4—测微螺纹；5—工件；6—砧座；7—尺架；8—棘轮

3．百分表

百分表是一种精度较高的比较量具,如图 5-5 所示。

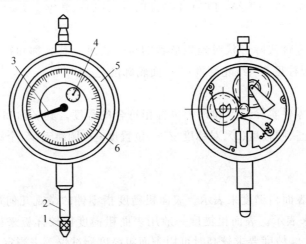

图 5-5　百分表

1—测量头；2—测量杆；3—大指针；4—小指针；5—表壳；6—刻度盘

百分表的准确度为 0.01mm,不能测出零件的实际尺寸,只能用于比较测量。其原理是将测量杆的直线位移,通过齿轮传动转变为角位移。

4．验规

在成批生产中,为了提高检验效率及减少精密量具的损耗,常采用验规进行检验。验规是没有刻度的专用量具。

验孔的验规称为塞规,验轴的验规称为卡规。验规有两个测量面,其尺寸分别按零件的最大极限尺寸和最小极限尺寸制造,称为过端和止端。检验时,工件的实际尺寸只要过端能通过、止端通不过就为合格,否则就不合格。图 5-6 是验规及其使用方法。

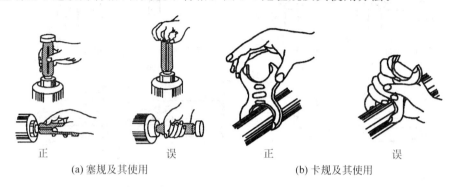

正   误   正   误
(a) 塞规及其使用   (b) 卡规及其使用

图 5-6 验规及其使用

5.3 机床加工

5.3.1 车削加工

1. 概述

车削加工是金属切削加工中最基本、最常用、加工范围最广的一种方法,它利用工件的旋转运动和车刀在纵向、横向或斜向的进给来完成切削工作。它主要用来加工回转体形状的零件,加工的材料不但可以是金属,也可以是能夹持住的非金属。如图 5-7 所示为卧式车床加工完成的典型表面。

古代的车床是靠手拉或脚踏,通过绳索使工件旋转,并手持刀具而进行切削的。这种由弓弦发源而来的人力皮带车床是一切机械化工具之父。公元前 3000 年,中东地区就已经使用这种车床。皮带车床一直使用到 14 世纪,才出现转轮车床,转轮车床由脚带动转子不停转动来加工工件。1797 年,英国莫兹利创制了用丝杠传动刀架的车床是现代金属加工车床的先驱。此后,英国人罗伯茨、美国人普拉特等人不断改进的车床就是现代普通车床的雏形。

第一次世界大战后,由于军火、汽车和其他机械工业的需要,带动了各种高效自动车床和专门化车床的开发使用。20 世纪 50 年代开发了程序控制车床,60 年代数字控制技术开始应用于车床,70 年代后得到迅速发展。

2. 车床分类和组成

根据加工批量、生产效率、产品类型、尺寸大小、加工工序多寡等用途和功能的不同,车床可分为多种类型,如普通卧式车床、六角车床、转塔车床和回转车床、自动车床、仿形车床、

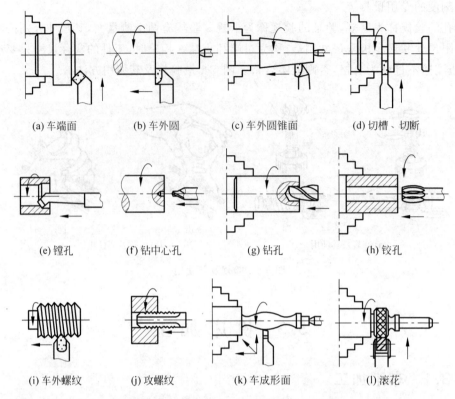

(a) 车端面　(b) 车外圆　(c) 车外圆锥面　(d) 切槽、切断

(e) 镗孔　(f) 钻中心孔　(g) 钻孔　(h) 铰孔

(i) 车外螺纹　(j) 攻螺纹　(k) 车成形面　(l) 滚花

图 5-7　卧式车床可完成的主要工作

立式车床、专门车床、仪表车床和数控车床等。

其中普通卧式车床的加工对象广，主轴转速和进给量的调整范围大，能加工工件的内外表面、端面和内外螺纹。这种车床主要由工人手工操作，生产效率低，适用于单件、小批生产和修配维修。

卧式车床是各类车床的基础，故本书只讨论普通卧式车床。

1) 卧式车床的型号

车床型号由汉语拼音字母和数字组成，以 C6136 为例对机床编号进行说明。

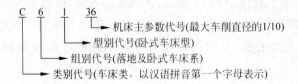

C　6　1　36

机床主参数代号(最大车削直径的1/10)

型别代号(卧式车床型)

组别代号(落地及卧式车床系)

类别代号(车床类，以汉语拼音第一个字母表示)

2) 普通卧式车床的组成

如图 5-8 所示为普通卧式车床 C6136，其主要由以下几部分组成。

(1) 变速箱：内装车床主轴的变速齿轮，电机的转速通过变速箱改变得到 6 种主轴转速。

(2) 主轴箱：内装主轴和变速机构。其功能是支撑主轴并把动力经变速机构传给主轴，使主轴带动工件按规定的转速旋转，以实现主运动。

(3) 进给箱：内装进给运动的变速机构，用于传递进给运动。改变进给箱外面的手柄

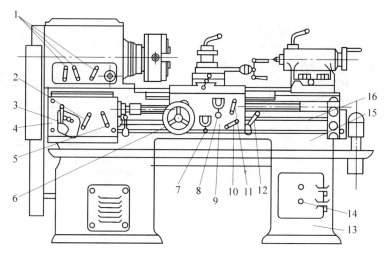

图 5-8　普通卧式车床 C6136

1—主轴变速手柄；2—倍增手柄；3—诺顿手柄；4—离合手柄；5—纵向手动手轮；

6—纵向自动手柄；7—横向自动手柄；8—自动进给换向手柄；9—对开螺母手柄；

10—主轴启闭和变向手柄；11—总电源开关；12—尾座手轮；

13—尾座套筒锁紧手柄；14—小滑板手柄；

15—方刀架锁紧手柄；16—横向手动手柄

位置,可使丝杠或光杠获得不同的转速。

（4）溜板箱：固定在刀架的下部,把丝杠和光杠的回转运动转变为刀架的纵向、横向直线进给运动。

（5）刀架：用于夹持车刀使其作纵向、横向或斜向运动。它由纵溜板、横溜板、转盘、小溜板、方刀架 5 个部分组成。

（6）尾座：内部安装有前端带锥孔的顶尖套,用于安装后尾顶尖以支持工件,或安装钻头、铰刀等刀具进行孔加工。

（7）光杠、丝杠：将进给箱的运动传给溜板箱。自动走刀用光杠,车削螺纹用丝杠。

（8）床身：支撑各主要部件,使它们在工作时保持准确的相对位置。

3．车刀安装

1）车刀的分类

按使用车刀切削工件的不同场合来分类,车刀可分为偏刀、弯头刀、切刀、镗刀、成形车刀、螺纹车刀等。

图 5-7 中,车端面时使用弯头或偏头车刀；车外圆用直头车刀、弯头或偏头车刀；切槽、切断时用切断刀；车孔时用内孔和内孔端面车刀（镗刀）或钻头、铰刀等；车螺纹则用螺纹车刀。

2）车刀的安装

如图 5-9 所示,为使车刀在工作时能保持合理的切削角度,车刀必须正确地安装在方刀架上。

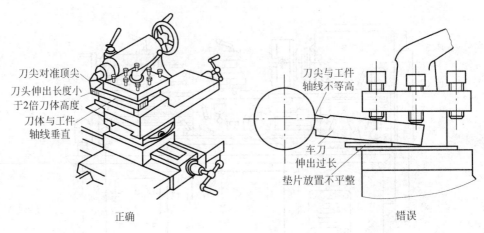

正确　　　　　　　　　　　　　　　错误

图 5-9　车刀的安装

安装车刀时,要求刀尖与车床主轴线等高,刀柄应与车床主轴线垂直。此外,刀杆的伸出长度不宜过长,否则容易使刀杆刚性减弱,切削时产生振动。刀尖的高低可以通过增减刀杆下面的垫片进行调整,装刀时常用尾架顶尖的高度来对刀。

4．工件安装及所用附件

为了适应不同形状、尺寸和加工数量的工件的装夹,车床车削加工时,须选用不同的附件和安装方法。常用车床附件有三爪自定心卡盘、四爪单动卡盘、花盘、顶尖、中心架、跟刀架等。

1）三爪自定心卡盘安装工件

三爪自定心卡盘(也叫三爪卡盘)是车床上最常用的附件,如图 5-10 所示。当移动小锥齿轮时,与它相啮合的大锥齿轮随之转动,大锥齿轮背面的平面螺纹使 3 个卡爪同时向中心收拢或张开,以夹紧不同直径的工件,见图 5-10(b)。它适宜快速夹持截面为圆形、正三角形、正六边形的中小型工件,它能自动定心,但定心精度不高。若在三爪自定心卡盘上换上 3 个反三爪,即可用来安装直径较大的工件,见图 5-10(c)。

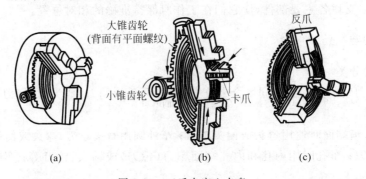

(a)　　　　　　　　　(b)　　　　　　　　　(c)

图 5-10　三爪自定心卡盘

图 5-11(a)所示为用三爪自定心卡盘的正爪安装小直径工件。安装时先轻轻拧紧卡爪,低速开车观察端面工件是否摆动(即工件端面是否与主轴轴线基本垂直),然后再牢牢地夹紧工件。安装过程中需要注意在满足加工的情况下,尽量减小伸出量。图 5-11(b)用三爪

自定心卡盘的反爪安装直径较大的工件,安装过程中需用小锤轻轻敲工件使其贴紧卡爪的台阶面。

如果需在车床上夹持安装截面为方形、长方形、椭圆等其他不规则形状的工件或车制偏心孔,可安装夹持力更大、夹持尺寸更大的四爪单动卡盘。

2) 中心架和跟刀架的应用

中心架和跟刀架结构如图 5-12 和图 5-13 所示。

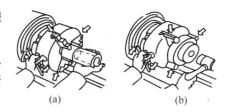

(a)   (b)

图 5-11　用三爪自定心卡盘安装工件

它们都是在加工细长轴时,和顶尖配合一起来支撑工件,以减少因工件刚性差而引起的加工误差。

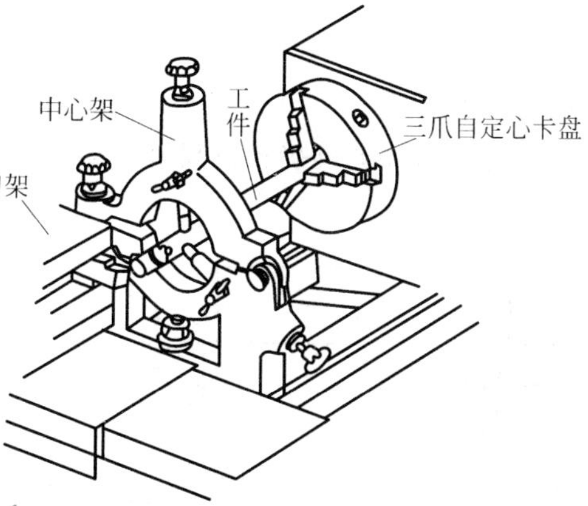

图 5-12　中心架

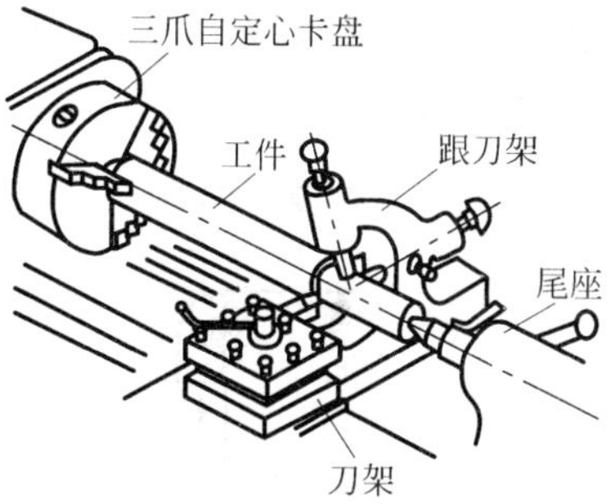

图 5-13　跟刀架

5. 车床的操作要点

1) 刻度盘及刻度盘手柄的使用

在车削工件时,要迅速、准确地控制背吃刀量,必须熟练地使用横刀架(中滑板)和小滑板的刻度盘。

横刀架的刻度盘紧固在丝杠轴头上,横刀架和丝杠螺母紧固在一起。当横刀架手柄带着刻度盘转一周时,丝杠也转一周,这时螺母带着横刀架移动一个螺距。所以横刀架移动的距离可根据刻度盘上的格数来计算:

$$刻度盘每转一格横刀架移动的距离 ＝ 丝杠螺距 / 刻度盘格数 \; mm$$

例如,车刀横刀架丝杠螺距为 4mm,横刀架的刻度盘等分为 200 格,故刻度盘每转一格横刀架移动的距离为 4÷200＝0.02mm,刻度盘转一格,刀架带着车刀移动 0.02mm。由于工件是旋转的,所以工件径向被切下的部分是车刀切深的两倍。所以用横刀架刻度盘进刀切削时,通常将每格读作 0.04mm。

加工外圆时,车刀向工件中心移动为进刀,远离中心为退刀。而加工内孔时,则刚好相反。进刀时,如果刻度盘手柄旋转过了头,或试切后发现尺寸太小而需退刀,则由于丝杠与螺母之间存在间隙,刻度盘不能直接退回到所要的刻度,应按图 5-14 所示的方法操作。

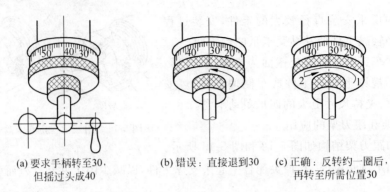

(a) 要求手柄转至30， (b) 错误：直接退到30   (c) 正确：反转约一圈后，
但摇过头成40   再转至所需位置30

图 5-14   刻度盘手柄摇过了头的纠正方法

2）试切的方法与步骤

开车对刀确定车刀与工件的接触点，避免损坏车刀并以此作为背吃刀量的起始点。由于刻度盘和丝杠有误差，在精车时，要采用试切的方法，才能准确控制尺寸公差，其方法和步骤如图 5-15 所示。

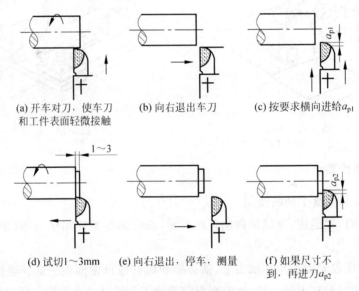

(a) 开车对刀，使车刀   (b) 向右退出车刀   (c) 按要求横向进给a_{p1}
和工件表面轻微接触

(d) 试切1～3mm   (e) 向右退出，停车，测量   (f) 如果尺寸不
到，再进刀a_{p2}

图 5-15   试切的方法与步骤

3）车削加工的步骤以及切削用量的选择

为了提高生产效率和保证加工精度，车削加工一般分为粗车、半精车、精车三个阶段。

（1）粗车

粗车的目的是尽量快地从工件上切去大部分加工余量，因此要优先选用较大的切深；其次根据可能，适当加大进给量；最后确定切削速度。粗车后公差等级一般为 IT14～IT11，表面粗糙度 Ra 值为 50～12.5μm。

粗车背吃刀量（切深）：2～4mm；进给量：0.15～0.4mm/r。

粗车切速：用硬质合金车刀切钢时取 50～70m/min，切铸铁时取 40～60m/min。

粗车铸件时，因工件表面有硬皮，如切深很小，刀尖反而容易被硬皮碰坏或磨损，因此，第一刀的切深应大于硬皮厚度。

（2）半精车

半精车的目的是给后续精车、精磨留余量或给淬火工序留以足够的变形量。半精车的加工余量一般为 0.3～0.5mm，表面粗糙度 Ra 值为 6.3～3.2μm。

（3）精车

精车的目的是要保证加工零件的最终尺寸精度和表面粗糙度等要求。精车的尺寸公差等级一般为 IT8～IT7。表面粗糙度 Ra 值可达 1.6μm。

精车时注意以下两点：

① 首先选择几何形状合适的车刀。选用较小的副偏角 κ_r 或刀尖磨出小圆弧以减小残留面积，使 Ra 值减少。选择较大的前角 γ_o，并用油石把车刀的前刀面和后刀面磨得光一些，也可使 Ra 值减少。

② 合理选择精车的切削用量。

背吃刀量：0.3～0.5mm（高速精车）或 0.05～0.10mm（低速精车）。

进给量：0.05～0.2mm/r。

切速：用硬质合金车刀切钢时取 100～200m/min，切铸铁时取 60～100m/min。

③ 合理地使用切削液也有助于减低表面粗糙度。

6. 基本车削工作

1）车端面

车端面是车削加工最基本、最常见的工作，常见端面车刀及车端面方法如图 5-16 所示。

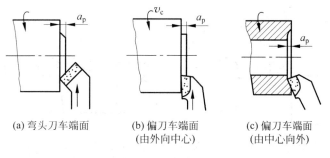

(a) 弯头刀车端面　　(b) 偏刀车端面　　(c) 偏刀车端面
　　　　　　　　　　（由外向中心）　　（由中心向外）

图 5-16　车端面

车端面时应注意以下几点。

（1）车刀的刀尖应对准工件的中心，以免车出的端面中心留有凸台和崩坏刀尖。用偏刀车端面（见图 5-16(b)），当背吃刀量较大时，容易扎刀；而且到工件中心时是将凸台一下子车掉的，因此容易损坏刀尖。用弯头刀车端面，凸台是逐渐车掉的，所以车端面用弯头刀较为有利（见图 5-16(a)）。

（2）端面的直径从外到中心是逐渐减小的，因此工件在同一转速下切削速度也是变化的，此时工件的转速可比车外圆时选择的高一些。有时为降低端面的表面粗糙度，可由中心向外车削（见图 5-16(c)）。

（3）车直径较大的端面，若出现凹心或凸肚时，应检查车刀和方刀架是否锁紧，以及大拖板是否松动。为使车刀准确地横向进给而无纵向松动，应将大拖板锁紧在床面上，此时可用小滑板调整背吃刀量。

2）车外圆

常见外圆车刀及车外圆方法如图 5-17 所示。

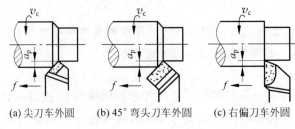

(a) 尖刀车外圆 (b) 45°弯头刀车外圆 (c) 右偏刀车外圆

图 5-17 车外圆

尖刀（也叫直头刀）主要用于粗车没有台阶或台阶不大的外圆；弯头刀用于粗车外圆、带 45°斜面的外圆，也可用于车端面和倒角；主偏角为 90°的偏刀，车外圆时的背向力很小，常用来粗、精车细长轴和带有直角台阶的外圆。

3）切断

切断要用切断刀。切断刀刀头窄而长，刀头易折断且切断时排屑困难。切断时应注意。

（1）切断工作一般在卡盘上进行，要避免对顶尖安装的工件进行切断。安装切断刀时，刀尖必须与工件等高，否则切断处将剩有凸台，且刀头也容易损坏。切断刀伸出刀架的长度不宜过长。工件的切断处应距卡盘近些，这样切断时不易产生振动，见图 5-18。

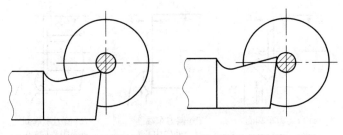

(a) 切断刀安装过低，刀头易被压断 (b) 切断刀安装过高，刀具后面顶住工件，无法切削

图 5-18 切断刀刀尖应与工件中心等高

（2）尽量减少主轴以及刀架滑动部分的间隙，以免工件和车刀振动。

（3）用手进给时一定要均匀，在即将切断时，必须放慢进给速度，以免刀头折断。

一般车削加工所能达到的公差等级为 IT10～IT7，表面粗糙度可达 $Ra6.3\mu m \sim 0.8\mu m$。

7. 车削加工示例

如图 5-19 所示是锤头柄的尺寸图，锤头柄比较简单，可通过车削加工出全部表面，其加工步骤如表 5-1 所示。

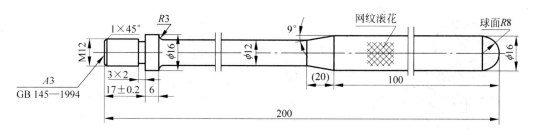

图 5-19　锒头

表 5-1　锒头柄的加工步骤

序号	操 作 内 容	设备及工艺参数	装夹方法	检测方式
1	下棒料 $\phi18 \times 220$，Q235 钢	弓锯床		卡尺
2	车端面至 $L=205$ 车断刀	车床 C6132　主轴转速：625r/min	三爪自定心卡盘	目视
3	打中心孔(A3)	车床 C6132　主轴转速：1000r/min 中心钻 A3	三爪自定心卡盘	目视
4	车 M12 螺纹 $L=17$ 切退刀槽 3×2 倒角 $1 \times 45^\circ$	车床 C6132　主轴转速：190r/min 偏头刀、车断刀、螺纹车刀	三爪自定心卡盘	卡尺 螺纹环规、角度仪
5	车各外圆：$\phi16 \times 205$；$\phi16 \times 6$	车床 C6132　主轴转速：625r/min 外圆刀	三爪自定心卡盘顶尖	卡尺
6	车圆弧面 R3、圆锥面长 12 和 $\phi12$ 圆柱面	车床 C6132　主轴转速：625r/min R 刀、外圆刀	三爪自定心卡盘顶尖	卡尺
7	网纹滚花 $\phi16 \times 100$	车床 C6132　主轴转速：315r/min 滚花刀	三爪自定心卡盘顶尖	卡尺
8	切断 $\phi16 \times 200$	车床 C6132　主轴转速：450r/min 车断刀	三爪自定心卡盘顶尖	卡尺
9	掉头，车半球面 R8	车床 C6132　主轴转速：450r/min R 刀	三爪自定心卡盘	卡尺样板
10	检验			目视、卡尺、样板

5.3.2　铣削加工

1. 概述

铣削加工是在铣床上利用刀具的旋转运动和工件的连续移动来加工工件的切削加工方法。在机械加工中,铣削加工是除了车削加工之外使用较多的一种切削加工方法,是平面加工的主要方法之一,此外还用于加工斜面、垂直面、各种沟槽、齿轮以及成形表面。

铣削加工如图 5-20 所示。

一般铣削加工的尺寸公差等级可达 IT9～IT7 级,表面粗糙度 Ra 值为 6.3～1.6μm。

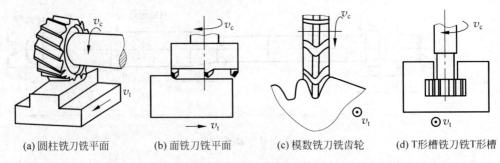

(a) 圆柱铣刀铣平面　　(b) 面铣刀铣平面　　(c) 模数铣刀铣齿轮　　(d) T形槽铣刀铣T形槽

图 5-20　铣削加工举例

最早的铣床是美国人惠特尼于 1815 年创制的,这种简易卧式铣床主要用旋转刀具来切削凹槽。为了铣削麻花钻头的螺旋槽,美国人布朗于 1862 年创制了第一台万能铣床,是升降台铣床的雏形。1884 年前后出现了龙门铣床。20 世纪 20 年代出现了半自动铣床,1950 年以后,铣床在控制系统方面发展很快,数字控制的应用大大提高了铣床的自动化程度,尤其是 20 世纪 70 年代以后,微处理机的数字控制系统和自动换刀系统在铣床上得到应用,扩大了加工范围,提高了加工精度与效率。

2. 普通铣床

普通铣床可分为卧式铣床及立式铣床两种。

卧铣是铣床中应用最多的一种,其主要特点是主轴轴线与工作台面平行。铣削时,铣刀安装在主轴上或与主轴连接的刀轴上,随主轴作旋转运动;工件装夹在工作台面或工作台面的夹具上,随工作台作纵向、横向或垂直的直线运动。

图 5-21 所示为 X6125 万能卧式铣床。编号 X6125 中,X 表示铣床类,6 表示卧铣,1 表示万能升降台铣床,25 表示工作台宽度的 1/10。万能卧式铣床主要由以下部分组成。

(1) 主轴:空心轴,用来安装刀杆并带动它旋转。

(2) 纵向工作台:用来安装工件和夹具,可沿转台上的导轨作纵向移动。

(3) 升降台:位于工作台、转台、横溜板的下方,并带动它们沿床身的垂直导轨上下移动,以调整台面与铣刀间的距离。升降台内装有进给运动的电动机及传动系统。

(4) 横溜板:也叫横向工作台,用来带动工作台在升降台上的水平导轨中作横向移动。

(5) 转台:供工作台作纵向移动,下面与横溜板相连。松开连接螺钉,可使转台带动工作台在水平面内偏转一个角度,使工作台作斜向移动。有无转台是万能铣床与其他铣床的主要区别。

(6) 横梁:其上装有安装吊架,用以支撑刀杆的外端,减小刀杆的弯曲和振动。

(7) 床身:用来支撑和固定铣床各部件。顶上有供横梁移动的水平导轨,前壁有燕尾形的垂直导轨,供升降台上下移动。床身内部装有主轴、主轴变速箱、电器设备及润滑油泵等部件。

3. 铣刀

铣刀实际上是一种由几把单刃刀具组成的多齿的回转刀具,其刀齿分布在圆柱铣刀的

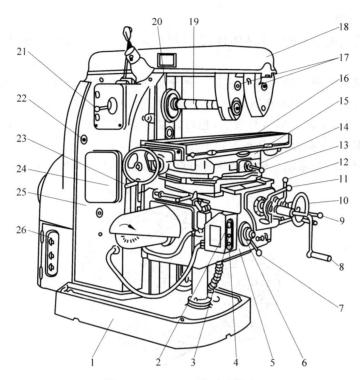

图 5-21　X6125 万能卧式铣床

1—底座；2—主轴电机启动按钮；3—进给电机启动按钮；4—机床总停按钮；5—升降台；

6—进给高、低速调整盘；7—进给数码转盘手柄；8—升降手动手柄；

9—纵向、横向、垂向快动手柄；10—横向手动手轮；11—升降自动手柄；

12—横向自动手柄；13—纵向自动手柄；14—横向工作台；15—转台；

16—纵向工作台；17—吊架；18—横梁；19—刀轴；20—主轴；21—主轴高、低速手柄；

22—主轴电动按钮；23—纵向手动手轮；24—主轴变速手轮；25—床身；26—总开关

外回转表面或端铣刀的端面上。为了适应不同的工作方法，铣刀有各种不同的结构，如圆柱铣刀、端铣刀、盘状铣刀、立铣刀、角度铣刀和成形铣刀等。而根据安装方式的不同又分为带孔铣刀和带柄铣刀两大类，如图 5-22 所示。带孔铣刀一般用于卧式铣床，带柄铣刀多用于立式铣床。

(a) 直齿圆柱带孔铣刀　　(b) 螺旋齿带孔铣刀　　(c) 带孔端铣刀　　(d) 镶齿带柄铣刀

图 5-22　铣水平面所用的铣刀

4. 铣床附件及工件安装

常用铣床附件有万能分度头、万能铣头、机用平口钳、回转工作台等。

1）机用平口钳

平口钳适宜装夹小型的六面体零件，也可用于装夹轴类零件铣切键槽等。

2）分度头

分度头的结构如图 5-23 所示。它是一种分度装置，由底座、回转体、主轴、顶尖等组成。底座固定在工作台上，主轴装在回转体内，主轴可随同回转体绕底座在 0～90°范围内旋转任意角度。工作时，主轴前端装有顶尖，也可以装卡盘或拨盘。在底座的侧面有一个分度盘。盘的两面共有 11 圈，均匀分布不同小孔。分度盘前面是手柄，分度时摇动手柄，通过内部蜗杆、蜗轮的传动，可带动主轴旋转进行分度，再通过主轴带动安装在主轴上的工件旋转。

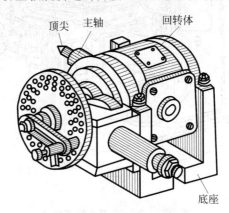

图 5-23   分度头示意图

例如在铣六方、齿轮、花键等工作时，铣完一个面或一条槽之后转过一个角度，再铣下一个面或一条槽，这种使工作槽面转过一定角度的工作就叫做分度。

3）回转工作台

回转工作台又称圆形工作台，内部为蜗轮蜗杆传动，转台安装在蜗轮上。转动装在蜗杆上的手轮时，转台带动工件作缓慢的圆周进给。它一般用于较大零件的分度工作和非整周圆弧的铣削加工。

5. 铣削基本工作

铣削的基本工作有铣平面、铣斜面、铣台阶、铣沟槽、铣螺旋槽、铣成形面等，这里只介绍铣削水平面、斜面的方法。

（1）铣平面可以在卧式或立式铣床上进行。由于所用刀具的不同，平面的铣削方式又分为端铣和周铣两种。

（2）斜面虽属平面，但铣削方法与铣削一般水平面有较大区别。铣斜面常用的方法有以下 3 种。

① 使用斜垫铁铣斜面。如图 5-24（a）所示，在工件基面下面垫一块与工件斜角相等的垫铁，即可铣出所需要的斜面。

② 利用分度头铣斜面，如图 5-24（b）、（c）所示。

③ 偏转铣刀铣斜面。如图 5-25 所示，铣刀的偏转可在主轴能回转一定角度的立铣上实现，也可在卧铣上利用能在空间偏转成所需要的任意角度的万能铣头来实现。

(a) 使用斜垫铁铣斜面

(b) 分度头卡盘在
垂直位置安装工件

(c) 分度头卡盘在倾
斜位置安装工件

图 5-24　铣斜面

图 5-25　偏转铣刀铣斜面

6.齿形加工

1）铣齿

在卧式铣床上铣齿如图 5-26 所示。工件套在心轴上,用顶尖拨盘装夹在分度头和尾座的顶尖间,采用专用的模数铣刀铣削。每铣完一个齿槽后,将工件分度,再铣下一个齿槽,直至铣完为止。

铣齿方法的特点是设备简单,刀具成本低,但生产率低,适用于小批生产;一般情况下加工精度低,只能达到 IT11～IT9 级。

2）滚齿

滚齿所用刀具为滚刀,它的形状近似蜗杆,但在垂直于螺旋线方向开有槽,以形成刀齿,如图 5-27 所示。

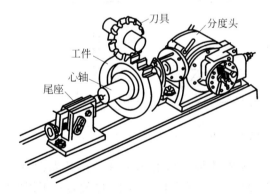
图 5-26　在卧式铣床上铣齿

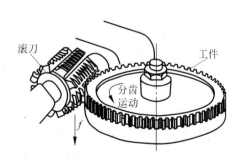
图 5-27　滚齿法

其特点是能连续加工,生产率高,加工精度也较铣齿法高,一般可达 IT8～IT7 级精度,Ra 值为 $3.2～1.6\mu m$。

3）插齿

插齿所用刀具为插齿刀,它的形状近似齿轮,如图 5-28 所示。

插齿的特点是插齿刀制造简便、精度较高,加工出的齿轮精度可达 IT8～IT7 级,Ra 值一般可达 $1.6\mu m$。插齿法还能加工多联齿轮和内齿轮等。

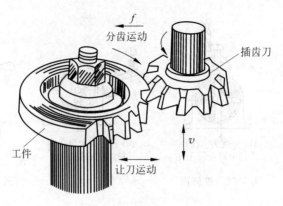

图 5-28　插齿法

5.3.3　刨削加工

1. 概述

在刨床上用刨刀加工工件称为刨削,如图 5-29 所示。刨削主要用来加工平面(水平面、垂直面、斜面)、沟槽(直槽、T 形槽、V 形槽、燕尾槽)和某些成形面。如果进行适当的调整和增加某些附件,还可以用来加工齿条、齿轮、花键和母线为直线的成形面等。

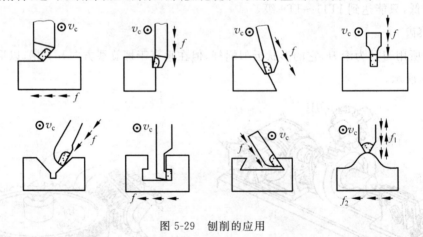

图 5-29　刨削的应用

传说鲁班在长期的木工实践中,思考怎样才能使加工后的木板既平整又光滑,经过反复试验,鲁班给"斧头"加块铁片,装上木座,制出了世界上首把刨子,这就是木工刨床的雏形。

1751 年法国人年福克发明了第一台金属机械刨床,这种刨床刨起铁来,就像刨木头一样,质量不很高。1850 年,法国机械师又研制出一种新式刨床,提高了加工效率和精度。此后科学不断进步又发明了电磁振动刨床等特种加工机械。

2. 刨床分类

常见的刨床类机床有牛头刨床、龙门刨床和插床等。其中,牛头刨床是刨削类机床中应用较广的一种。牛头刨床的最大刨削长度一般不超过 1000mm,因此只适用于加工中、小型零件和修配件。

　　龙门刨床(见图 5-30)的主运动是工件的往复直线运动,进给运动是刀架的移动。它刚性好,功率大,适合加工大型零件上的窄长表面或大平面,或同时刨削多个中、小型零件,可用于批量生产。龙门刨床的加工精度和生产率均比牛头刨床高。

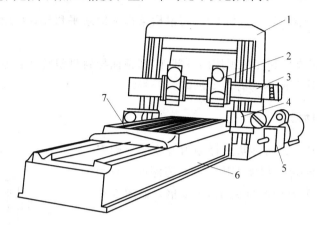

图 5-30　龙门刨床

1—龙门架；2—垂直刀架；3—横架；4—侧刀架；5—进给箱；6—床身；7—工作台

　　插床实际上是一种立式刨床(见图 5-31),其结构原理与牛头刨床属同一类型,只不过它的滑枕不是在水平方向而是在沿垂直方向上作上下运动。插床主要用于单件、小批量生产中加工零件的内表面,如插键槽、花键槽等;也可用于加工多边形孔,如四方孔、六方孔等,特别适于加工盲孔或有障碍台阶的内表面。

3. 牛头刨床

　　牛头刨床的主运动是刨刀的直线往复运动,前进为工作行程,退回为空行程。刨刀每次退回后,工件作横向水平移动是进给运动。如图 5-32 所示是 B6050 牛头刨床的外形结构图,编号中的 B 代表“刨”汉语拼音的第一个字母;60 为型别代号“牛头刨床”;50 是刨削工件的最大长度的 1/10,即最大刨削长度为 500mm。

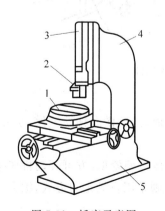

图 5-31　插床示意图

1—工作台；2—刀架；3—滑枕；4—床身；5—底座

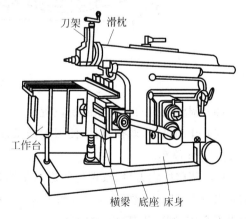

图 5-32　B6050 牛头刨床

B6050 牛头刨床由刀架、滑枕、工作台、床身、横梁和底座等部分组成。

（1）刀架：由转盘、溜板、刀座和抬刀板等组成。

（2）滑枕：用来带动刨刀作直线往复运动，其前端有刀架。可根据加工需要进行调整滑枕往复的快慢、行程的长度和位置。

（3）工作台：用来安装夹具和工件，可沿横梁作横向水平移动，并能随横梁一起作上下调整运动。

（4）床身：用来支撑和连接刨床的各部件，其顶面导轨供滑枕作往复运动用，侧面导轨供工作台升降用。床身的内部有传动机构。

4．水平面刨削加工

（1）根据工件加工表面形状选择刨刀并安装。刨刀的装夹要将转盘对准零线，以便准确控制吃刀深度。直刨刀的伸出长度一般为刀杆厚度的 1.5～2 倍。如图 5-33 所示。

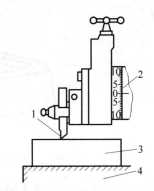

图 5-33　刨刀的装夹
1—刀体伸出要短；2—转盘对准零线；
3—工件；4—工作台

（2）根据工件大小和形状确定工件安装方法，找正并夹紧工件。如图 5-34 所示。平口钳是一种通用夹具，常用来安装小型工件。使用时先把平口钳钳口找正并固定在工作台上，然后再安装工件。按划线找正的安装方法如图 5-34（a）所示，并拿锤头轻轻敲击工件达到要求位置，见图 5-34（b）。有些工件较大或形状特殊，需要用压板、螺栓和垫铁把找正后的工件直接固定在工作台上进行刨削。

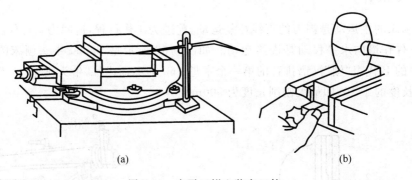

(a)　　　　　　　　　　(b)

图 5-34　在平口钳上装夹工件

（3）调整刨刀的行程和起始位置。

（4）开动机床，调整刀具，使刀尖微微接触刨削表面，然后横向移动工件，使刀尖离开工件 3～5mm 停车。

（5）调整好吃刀量，按选好的进给量调整棘轮罩，放下棘轮爪，方可开动机床进行加工。试切出 0.5～1mm 宽度后停车，测量尺寸；如果合格，则采用自动走刀方式，刨完整个表面；如果不合格，则应重新调整吃刀量。

5. 刨削加工特点

刨削是单件小批量平面加工生产中最常用的加工方法之一,加工精度一般可达 IT9～IT8 级,表面粗糙度值为 $Ra3.2～1.6\mu m$。精刨时精度可达 IT6,表面粗糙度 Ra 值可达 $0.8\mu m$。

刨削加工生产效率低,但刨削所需的机床、刀具结构简单,制造安装方便,调整容易,通用性强。因此在单件、小批生产中特别是加工狭长平面时被广泛应用。

随着制造技术的发展,在工业化生产中,效率更高的铣削加工已逐步取代刨削加工。

5.3.4 磨削加工

1. 概述

磨削是利用磨粒或粉粒对工件表面进行切削加工的方法。它能得到高加工精度和小表面粗糙度值,是零件精加工的主要方法之一。

生活中我们也常常应用磨削工艺,比如家庭厨房使用的钝刀磨刃,家具上漆前的抛光等。

工业中磨削加工的工艺范围广,它不仅可以加工内外圆、内外圆锥面、平面、成形面、螺纹、齿形和花键等各种表面,还常用于各种刀具的刃磨。磨削加工机床是世界上加工机床最多的机床。

磨削按磨具的基本形状可分为两大类:固结磨料加工和游离磨料加工。其中固结磨料加工有砂轮磨削和砂带磨削、珩磨、研抛等。游离磨料加工有抛光、研磨、滚磨、挤压珩磨、喷射加工等(此类磨削本书因篇幅限制不讨论)。

早在 7000 至 8000 年前,我们的祖先就用天然砂轮等工具来磨制箭镞、石锛。春秋战国时期的刀剑也是锻造成形后用磨削方法来加工出锋利无比的剑锋。

最早的磨床在 1840 年前后出现在英国,当时称为"金刚砂轮"。法国人马尔贝克于 1842 年用黏土、金刚砂和长石烧制出一块人造砂轮。1850 年以后,磨床开始推广应用,砂轮的黏合剂和磨料也得到了改进。

现代平面磨床最早起源于瑞士,那时因为平面磨床没有底座,放在桌上操作,所有叫桌上研磨机。后来美国机械专家进行了研发改造,发明了底座,平面磨床的雏形就出来了。瑞士又将专利买回进行了多方改进,此后日本大隈、台湾大同公司从外观、结构精度及功能上进行了全面改良,开始了现代自动化磨床的制造。

2. 砂轮

砂轮是磨削的主要工具,它是由许多细小而又极硬的磨粒用结合剂黏结而成的多孔物体。磨粒、结合剂和空隙是构成砂轮的三要素,如图 5-35 所示。磨削就是依靠这些锋利的小磨粒,像铣刀的刀刃,在砂轮高速旋转下,切入工件表面,去除细微切屑。所以磨削的实质是一种多刀多刃的高速铣削

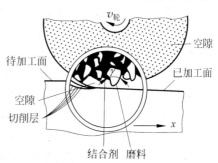

图 5-35 砂轮的组成

过程。

砂轮磨料有氧化铝和碳化硅两类,前者适宜磨削碳钢(用棕色氧化铝)和合金钢(用白氧化铝),后者适宜磨削铸钢(用黑色碳化硅)和硬质合金(用绿色碳化硅)。

磨料有软硬、粗细之分。粗磨料用于粗磨,细磨料用于精磨。砂轮的硬度,是指磨料从砂轮上脱落的难易程度。难以脱落的为硬砂轮;容易脱落的为软砂轮。一般磨硬材料选软砂轮,磨软材料选硬砂轮。

常用的砂轮形状、代号及用途如表 5-2 所示。

表 5-2　常用砂轮的形状、代号及用途(GB 2484—1984)

砂 轮 名 称	代 号	断 面 形 状	主 要 用 途
平行砂轮	P（1）		外圆磨,内圆磨,平面磨,无心磨,工具磨
薄片砂轮	PB（41）		切断,切槽
筒形砂轮	N（2）		端磨平面
碗形砂轮	BW（11）		刃磨刀具,磨导轨
蝶形 1 号砂轮	D（12a）		磨齿轮,磨铣刀,磨铰刀,磨拉刀
双斜边砂轮	PSX（4）		磨齿轮,磨螺纹
杯形砂轮	PDA（6）		磨平面,磨内圆,刃磨刀具

3. 磨床分类和平面磨床

磨床的种类很多,专用性很强,常用的有平面磨床、外圆磨床、内圆磨床,此外还有专用的螺纹加工磨床、齿形加工磨床和导轨磨床等。鉴于篇幅所限,这里只介绍平面磨床。

如图 5-36 所示是 M7130 普通平面磨床,编号中的 M 表示磨床类,71 表示卧轴矩形工作台平面磨床,30 表示工作台宽度的 1/10,即工作台宽度为 300mm。它由以下部分组成。

(1) 磨头:其上装有砂轮,砂轮的旋转运动(主运动)由单独的电机驱动。磨头可沿拖板的水平导轨作横向运动,砂轮作横向进给;磨头还可随拖板沿立柱作垂向运动,砂轮则作垂向进给。

(2) 拖板:沿立柱垂直导轨向下运动,实现砂轮的径向切入(进刀)运动。

(3) 工作台:一个电磁吸盘,用于安装工件或夹具等,其纵向往复直线运动是由液压传动装置来实现的。工作台也可使用手轮来实现手动移动。

(4) 立柱:与工作台面垂直,其上有两条导轨。

(5) 床身:用于支承和连接磨床各个部件,其上装有工作台,内部装有液压传动装置。

平面磨床一般操纵顺序为:

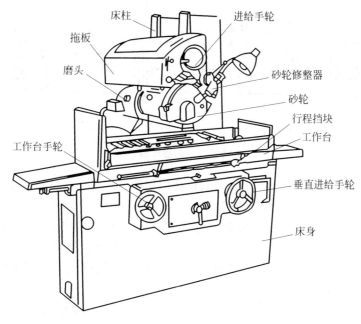

图 5-36　平面磨床

（1）接通机床电源；

（2）启动电磁吸盘吸牢工件；

（3）启动液压泵；

（4）启动工作台往复移动；

（5）一般使用低速挡启动砂轮转动；

（6）启动切削液泵。停车一般先停工作台，后总停。

4．基本磨削加工

1）磨削平面

（1）工件的安装

在平面磨床上磨削中小型工件，采用电磁吸盘装夹。

当磨削键、垫片、薄壁套等尺寸小而壁较薄的零件时，因零件与工作台接触面积小，吸力弱，容易被磨削力弹出而造成事故。因此安装这类零件时，须在工件四周或左右两端用挡铁围住，以免工件受磨削力时松动。

（2）磨平面的方法

磨平面时，一般是以一个面为基准，磨削另一个面。如果两个平面都要磨削并要求平行时，可互为基准反复磨削。

2）磨削外圆表面

外圆磨削一般在普通外圆磨床上进行。

在外圆磨床上磨外圆时，轴类零件常用顶尖装夹，其方法与车削时基本相同，但磨床所用顶尖都是死顶尖，不随零件一起转动。盘套类零件则利用心轴和顶尖安装。

外圆磨削一般分为纵磨法和横磨法，如图 5-37 所示。

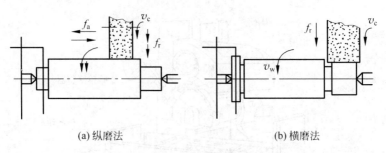

(a) 纵磨法　　　　　　(b) 横磨法

图 5-37　磨削外圆

　　纵磨法通常采用大直径的砂轮,既可获得高的切削速度又可降低磨粒单位时间的磨钝程度,故磨削质量好,其缺点是生产率低。

　　横磨法工件不做纵向进给;砂轮高速旋转的同时,一次缓慢横向进给切去所有的加工余量,砂轮与工件接触面大,故生产率高。但较大的径向切削力易使工件变形和表面烧伤,致使零件加工精度较低,表面粗糙度值较大。故此法只适用于大批量生产中磨削刚性较好、轴向尺寸较短、精度较低的表面。

　　另外,大批量小轴类零件的外圆磨削常在无心外圆磨床上进行,如图 5-38 所示。无心外圆磨削是一种生产率很高的精加工方法。磨削时,零件置于磨轮和导轮之间,下方靠托板支承,由于不用顶尖支承,所以称为无心磨削。

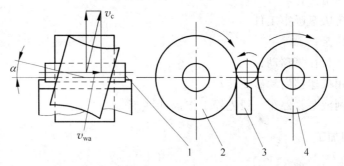

图 5-38　无心外圆磨削示意图

1—零件;2—磨轮;3—托板;4—导轮

5. 磨削加工工艺特点

　　(1) 精度高、表面粗糙度小。磨削精度可达 IT6～IT5,表面粗糙度 Ra 值可达 0.8～0.2μm。当精磨削时,表面粗糙度 Ra 值可达 0.1～0.008μm。

　　(2) 砂轮有自锐作用。一般刀具的切削刃,如果磨钝或损坏,则切削不能继续进行,必须换刀或重磨刃口。而砂轮由于本身的自锐性,使得磨粒能够以较锋利的刃口对工件进行切削。

　　(3) 径向分力较大。磨削时磨削深度和切削厚度均较小,但砂轮与工件的接触面积较大,致使径向力较大,对于长细轴类零件易产生弯曲变形。

　　(4) 磨削温度高。其切削速度为一般切削加工的 10～20 倍,产生的切削热就多,砂轮本身传热性差,使得瞬时高温达 800～1000℃,所以为保护工件表面不被烧伤和产生裂纹,磨削必须使用充足的切削液。

（5）磨削还能加工一般刀具难以切削的高硬度材料（如淬火钢、硬质合金），但不宜精加工塑性较大的有色金属工件。

（6）磨削加工余量较小，一般最大仅为 0.4～0.5mm，因此要求工件在磨削之前先进行半精加工。

第6章

钳　工

6.1　概　述

1. 概念

钳工是以手工操作为主完成零件的加工、机器的装配调试以及设备维修等工作的一个机械技术工种，主要应用在零件的加工和装配、设备的维修以及工模具的制造与修理等几个方面。

2. 起源与发展

钳工技术起源于古代人类对石器工具的打磨。随着金属冶炼技术和加工技术的发展，尤其是铸造、锻压技术的出现，以及金属制品在人类日常生活和生产中的广泛应用，钳工技术逐渐发展为制造生活和生产工具的重要方法。钳工能完成从下料到成品的整个加工工艺过程，且使用的工具简单、操作灵活，更能完成机械加工所不能完成的工作。尤其是精度高、形状复杂零件和工模具的加工以及设备的安装调试和维修，钳工仍是不可替代的选择。随着机械工业的发展，钳工操作已经并将继续提高机械化程度，这样不仅使劳动强度减轻，保证产品质量的稳定性和提高劳动生产率，而且适应了不同工作的需要。钳工已成为机械制造业中不可或缺的加工工种之一。

随着机械制造业的不断发展，钳工的工作范围也不断扩大，技术也愈来愈复杂。根据其工作内容的性质不同，可分为普通钳工、工具钳工、模具钳工和机修钳工等。

6.2　基　本　操　作

钳工尽管专业分工不同，但各类钳工都必须掌握的主要基本技术有：划线、錾削、锯削、刮削、研磨、钻孔、扩孔、铰孔、锪孔、攻螺纹、套螺纹、装配、调试和测量等。

6.2.1　划线

划线是根据图样要求，在毛坯或工件上用划线工具划出待加工部位的轮廓线或作为基准的点和线的过程。

1. 划线的作用及种类

1) 划线的作用

(1) 表示出加工余量、加工位置或划出加工位置的找正线,作为工件加工或装夹的依据。

(2) 通过划线检查毛坯的形状和尺寸是否符合要求,避免不合格的毛坯进入机械加工。

(3) 通过划线合理分配加工余量(又称借料),保证加工不出或少出废品。

2) 划线的种类

根据复杂程度,划线分为平面划线和立体划线(见图 6-1)。平面划线是在工件的一个平面上划线,立体划线是在工件上几个互成不同角度方向的平面上划线。

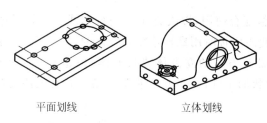

平面划线　　　　　　立体划线

图 6-1　划线

划线要求线段清晰均匀,尺寸准确。由于划出的线条有一定宽度,使用工、量具量取尺寸时会存在一定的误差。划线精度通常要求在 0.25～0.5mm。通常不能按划线来确定加工时的最后尺寸,而应该靠测量来控制尺寸精度。划线错误会造成错误加工,从而导致工件的报废。

2. 划线工具及应用

常用的划线工具有基准工具、支撑工具、度量工具和划线工具等。

1) 基准工具

平板是划线的基准工具,其材料一般为铸铁,常用平板如图 6-2 所示。平板工作面经精刨或刮削,平面度较高,以保证划线的精度。平板放置时工作面要保持水平,使用工件、工具时要轻放,避免撞击,要经常保持工作面的清洁,以免铁屑、灰砂等污物在划线工具或工件的拖动下刮伤工作面,影响划线精度。

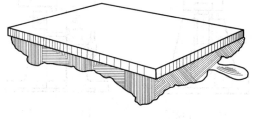

图 6-2　划线平板

2) 支撑工具

(1) 垫铁:用来支撑、垫平和升高毛坯工件的工具。常用的有平垫铁、斜垫铁两种。斜垫铁能对工件的高低作少量调节。

（2）V形块：主要用来支撑工件的圆柱面，使圆柱的轴线平行于平板工作面，便于找正或划线。常用V形块如图6-3所示。

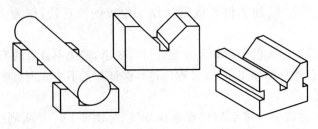

图 6-3　V形块

（3）角铁：常与压板配合使用，以夹持工件进行划线。角铁有两个互相垂直的工作表面，其上的孔或槽是为使用压板时用螺栓连接而设计的，如图6-4所示。

（4）方箱：一般为带有方孔的立方体或长方体，相邻表面相互垂直，相对表面相互平行。为便于夹持不同形状的工件，有些方箱带V形槽或附有夹持装置，如图6-5所示。

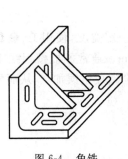

图 6-4　角铁

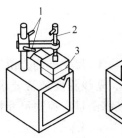

(a) 将工件压紧在　(b) 翻转90°划垂直线
方箱上划水平线

图 6-5　方箱

1—紧固手柄；2—压紧螺柱；3—划出的水平线

（5）千斤顶：用来支承毛坯或不规则工件，可调整高度，使工件各处的高低位置符合划线的要求。常见千斤顶如图6-6所示。

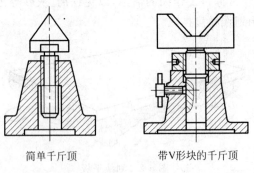

简单千斤顶　　　　带V形块的千斤顶

图 6-6　千斤顶

3）度量工具

常用的度量工具有钢直尺、游标卡尺、90°角尺、游标高度尺、组合分度规等。

（1）钢直尺：主要用于直接度量工件尺寸。

（2）游标卡尺：用于度量精度要求较高的工件尺寸。

（3）90°角尺：检验直角用的外刻度量尺，可用于划垂直线。

（4）游标高度尺：用游标读数的高度量尺，也可用于半成品的精密划线。但不可对毛坯划线，以防损坏游标高度尺的刀口。

（5）组合分度规：由钢直尺、水平仪、45°斜面规、直角规 4 个部件组成，可以根据需要进行组合。

4）划线工具

划线工具有划针、划规、划线盘、划卡、样冲等。

（1）划针：在工件上划线的工具。划线时，划针沿钢直尺、角尺等导向工具的边移动，使线条清晰、正确，一次划出，如图 6-7 所示。

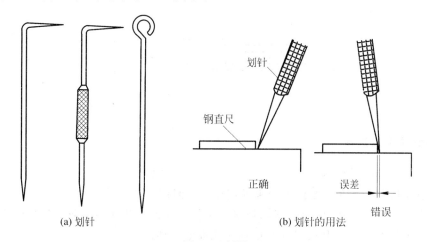

（a）划针　　　　　　　　　（b）划针的用法

图 6-7　划针

（2）划规：如同圆规一样使用，可用于划圆、量取尺寸和等分线段等，如图 6-8 所示。

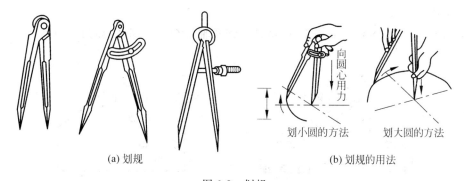

（a）划规　　　　　　　　　（b）划规的用法

图 6-8　划规

（3）划线盘：主要用于以平板为基准进行立体划线和找正工件位置，如图 6-9 所示。

（4）划卡：又称单脚规，用以找轴和孔的中心。

（5）样冲：用以在工件上打出样冲眼的工具，如图 6-10 所示。为防止擦掉划好的线段，需对准线中心打上样冲眼。钻小孔前在孔的中心位置也需打上样冲眼，以便于钻头定心。

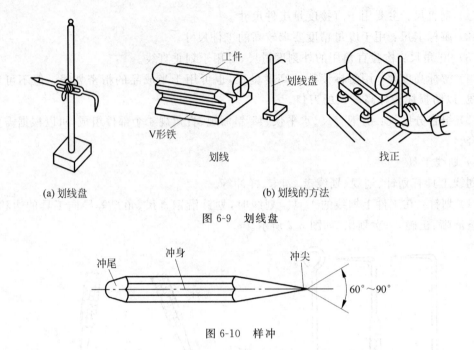

(a) 划线盘　　　　　　　　　(b) 划线的方法

图 6-9　划线盘

图 6-10　样冲

3. 划线基准及选择

1）选择划线基准的原则

（1）划线基准。基准是零件上用来确定点、线、面位置的依据。划线时须在工件上选择一个或几个面（或线）作为划线的依据，以确定工件的几何形状和各部分的相对位置，这样的面（或线）称为划线基准。其余尺寸线依划线基准依次划出。

（2）选择划线基准的原则。选择划线基准首先应该考虑与设计基准相一致，以免因基准不一致而产生误差。

2）常用的划线基准

（1）若工件上有重要孔需加工，一般选择该孔轴线为划线基准，如图 6-11 所示。

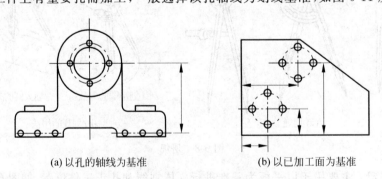

(a) 以孔的轴线为基准　　　　　　(b) 以已加工面为基准

图 6-11　划线基准

（2）在工件上有已加工面（平面或孔）时，应该以已加工面作为划线基准。若毛坯上没有已加工面时，应该选择最主要的或最大的表面为划线基准。但该基准只能使用一次，在下一次划线时必须用已加工面作划线基准。

（3）若工件上有两个平行的不加工表面,应以其对称面或对称线作为划线基准。

（4）需两个以上的划线基准时,以相互垂直的表面作为划线基准。

3）划线步骤及注意事项

（1）对照图样,检查毛坯及半成品是否合格,并了解工件后续加工的工艺,确定需要划线的部位。

（2）在划线前要去除毛坯上残留的型砂及氧化皮、毛刺、飞边等。

（3）确定划线基准。如以孔为基准,则用木块或铅块堵孔,以便找出孔的圆心。尽量考虑让划线基准与设计基准一致。

（4）划线表面涂上一层薄而均匀的涂料。毛坯用石灰水,已加工表面用蓝油,保证划线清晰。

（5）选用合适的工具和安放工件位置,尽量在一次支承中把需要划的平行线划全。工件支承要安全可靠。

（6）根据图样检查所划线条是否正确。

（7）将所划线条打上样冲眼。

6.2.2 锯削

1. 锯削工具

锯削所用工具是手锯,由锯弓和锯条组成。

1）锯弓

锯弓用来夹持和张紧锯条,有固定式和可调式两种。图 6-12 所示为可调式锯弓,其弓架分前后两段,前段在后段套内可以伸缩,因此可以安装不同规格的锯条。

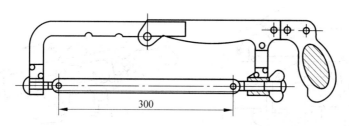

图 6-12 可调式锯弓

2）锯条

锯条由碳素工具钢制成,并经淬火处理。常用的锯条长度有 200mm、250mm、300mm 3 种,宽度为 12mm、厚度为 0.8mm。每一个齿相当于一把錾子,起切削作用。锯条性能硬而脆,若使用不当很容易折断。

锯条按锯齿的齿距大小,可分为粗齿、中齿和细齿 3 种。厚工件选粗齿,薄工件应选细齿;软工件选粗齿,硬工件应选细齿。

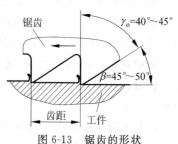

图 6-13 锯齿的形状

锯齿的形状:一般前角 α_0 约为 0°,后角 γ_0 为 40°~45°,楔角 β 为 45°~50°,如图 6-13 所示。

锯齿的排列：锯齿的排列有交叉式排列和波形排列两种，如图 6-14 所示，这样可以减小锯口两侧面与锯条的摩擦。

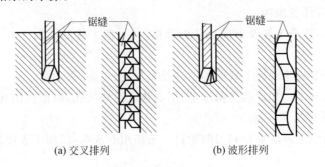

(a) 交叉排列　　　　　　　　(b) 波形排列

图 6-14　锯齿的排列

2. 锯削方法

（1）选择锯条。根据工件材料的硬度和厚度选择合适齿数的锯条。

（2）锯条安装。将锯条装夹在锯弓上，锯齿安装方向应向前，保证前推时切削。锯条松紧应适当，一般用两个手指的力能旋紧为止，安装好后锯条不能有歪斜和扭曲，否则锯削时容易折断。

（3）工件安装。工件被锯部位最好夹在台虎钳左侧以便于操作，工件伸出钳口应尽可能短，以免锯削时产生振动。工件装夹应可靠，但要防止工件被夹变形和夹伤已加工表面。

（4）手锯的握法。右手握锯柄，左手轻扶锯弓架前端，如图 6-15 所示。

（5）锯削动作。起锯时，锯条应与工件表面稍倾斜一个角度，即起锯角 α（10°～15°），但不宜过大，以免崩齿。起锯时为防止锯条横向滑动，可用手指甲挡住锯条，如图 6-16 所示。

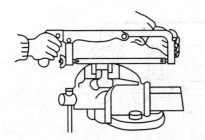

图 6-15　手锯的握法

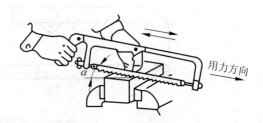

图 6-16　锯削动作图

锯削时，锯弓作直线往复运动，不可摆动。左手施压，右手推进，施压要均匀；返回时，锯条轻轻滑过加工表面。往复运动速度不宜太快。锯削开始和终了前，压力和速度均应减小。锯削时应尽量使用锯条全长，往返长度不应小于锯条全长的 2/3，以免锯条局部磨损。若锯缝歪斜时，不可强扭，否则锯条极易折断，应将工件翻转 90°重新起锯。

锯扁钢时，应锯宽面不应锯窄面，保证锯缝浅而整齐，而且锯条不易被卡住。锯圆管时，应在管壁即将锯透时将圆管向推锯方向转一角度，仍从原起锯缝处下锯，依次不断转动，直至锯断为止。

（6）锯削注意事项。锯条安装不宜过紧或过松；锯削时不可用力过猛，以防锯条折断后弹出伤人；工件装夹应牢固。在工件即将锯断时要用左手扶住工件断开部分，防止锯下部分掉落时砸伤脚。

6.2.3 锉削

1. 锉削工具

1）锉刀的材料和结构

锉刀常用材料为 T12A 或 T13A,经淬火处理。锉刀由锉刀面、锉刀边、锉柄等组成,工作部分的齿纹交叉排列,构成刀齿,形成存屑空隙。锉刀的结构如图 6-17 所示。

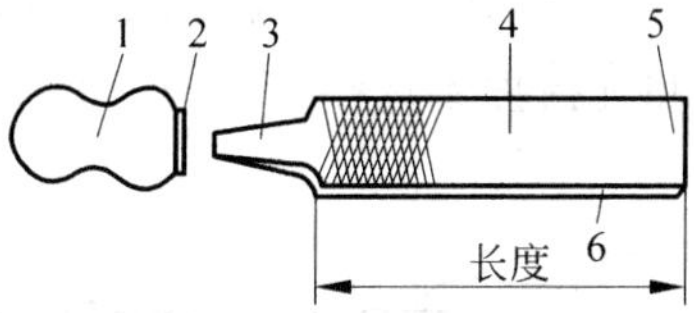

2）锉刀的种类

（1）锉刀按每 10mm 长度锉面上齿数的多少划分为粗齿锉、中齿锉、细齿锉和油光齿锉。表 6-1 中列出了它们各自的特点和应用。

图 6-17　锉刀的结构

1—锉刀柄；2—铁箍；3—锉刀舌；
4—锉刀面；5—锉刀头；6—锉刀边

表 6-1　锉刀刀齿粗细的划分及特点和应用

锉刀分类	齿数（10mm 长度内）	特点和应用
粗齿	4～12	齿间大,不易堵塞,适宜粗加工或锉铜、铝等有色金属
中齿	13～23	齿间适中,适宜粗锉后加工
细齿	30～40	锉光表面或锉硬金属
油光齿	50～62	精加工时修光表面

（2）根据锉刀尺寸不同,又分为钳工锉和整形锉两种。钳工锉的形状及应用如图 6-18 所示,其中以平锉用得最多。钳工锉的规格以工作部分的长度表示,分为 100mm、150mm、200mm、250mm、300mm、350mm、400mm 7 种。

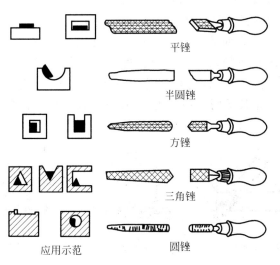

平锉

半圆锉

方锉

三角锉

应用示范　　圆锉

图 6-18　钳工锉

整形锉尺寸较小,通常以10把形状各异的锉刀为一组,用于修锉小型工件以及某些难以进行机械加工的部位。

2. 锉削方法

1) 锉刀的使用方法

(1) 把握方法。锉刀的握法如图6-19所示。使用较大的平锉时,应用右手握住锉刀柄,左手压在锉刀前端上,保持锉刀水平。使用中小型锉刀时,因需力较小,可用左手的大拇指和食指捏着锉端,引导锉刀水平移动。整形锉刀用右手握住即可。

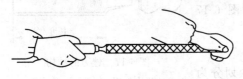
图6-19 锉刀的握法

(2) 锉削时左右手压力的要领。为使锉出的平面表面平整,必须使锉刀在推锉过程中保持水平位置而不上下摆动。刚开始往前推锉刀时,即开始位置,左手压力大、右手压力小,两力应逐渐变化,至中间位置时两力相等,再往前锉时右手压力逐渐增大,左手压力逐渐减小。这样使左右手的力矩平衡,使锉刀保持水平运动。否则,开始阶段锉柄下偏,后半段时前段下垂,会形成前后低而中间凸起的表面。

2) 平面的锉削方法

(1) 正确选择锉刀。通常先按加工面的形状和大小选择锉刀的截面形状和规格,再按工件的材料、加工余量、加工精度和表面粗糙度来确定选用锉刀齿纹的粗细。粗锉刀的齿间空隙大,不易堵塞,适宜加工铝、铜等硬度较低材料的工件,以及加工余量较大、精度较低和表面质量要求低的工件。细锉刀适宜加工钢材、铸铁以及精度和表面质量要求高的工件。油光锉一般只用来修光已加工表面。

(2) 正确装夹工件。工件应装夹在台虎钳钳口中间位置,夹持牢固可靠但不致引起工件变形,锉削表面要略高于钳口。夹持已加工表面时,应在钳口处垫以铜片或铝片,以防夹伤已加工表面。

(3) 正确选择和使用锉削方法。锉削平面的方法有交叉锉法、顺向锉法和推锉法3种,如图6-20所示。交叉锉法是先沿一个方向锉一层,然后转90°左右再锉,其切削效率较高,因锉纹交叉,所以容易判断表面的不平整程度,有利于把表面锉平。加工余量较大时一般先采用交叉锉法。顺向锉法是始终沿锉刀长度方向锉削,其锉纹一致,一般用于锉平或锉光。推锉法是两手横握锉刀,推与拉均施力的锉削方法。其切削量较小,可获得较好的表面粗糙度。推锉法尤其适用于加工较窄的表面,以及用顺向锉法锉刀前进受到阻碍的情况。

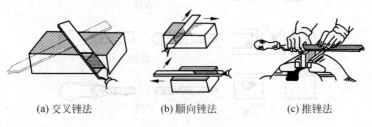
(a) 交叉锉法　　　　(b) 顺向锉法　　　　(c) 推锉法

图6-20 锉削方法

（4）仔细检查反复修整。尺寸通常用游标卡尺和千分尺检查，直线度、平面度及垂直度可用刀口形直尺、90°角尺等，根据是否透光来检查。

3）锉削注意事项

（1）锉刀必须装柄后使用，以免刺伤手心；

（2）锉削时不应触摸工件表面或锉刀表面，以免油污后再锉时打滑；

（3）不可用锉刀锉硬皮、氧化皮或淬硬的工件，以免锉齿过早磨损；

（4）锉刀被切屑堵塞，应用钢丝刷顺着锉纹方向刷去锉屑；

（5）锉刀材质脆硬，不可敲打撞击，锉刀放置在工作台上时不可伸出工作台面，以免碰落摔断或砸伤脚面。

6.2.4 攻螺纹和套螺纹

利用丝锥加工出内螺纹的操作称作攻螺纹（俗称攻丝），用板牙在工件圆柱表面上加工出外螺纹的操作称作套螺纹（俗称套丝或套扣）。

1. 攻螺纹

1）攻螺纹工具

（1）丝锥

丝锥的结构如图 6-21 所示，工作部分有 3～4 条轴向容屑槽，可容纳切屑，并形成丝锥的刀刃和前角；切削部分呈圆锥形，故切削部分齿形不完整，且逐渐升高；校准部分的齿形完整，可校正已切出的螺纹，并起修光和导向作用；柄部末端有方头，以便用丝锥扳手装夹和旋转。

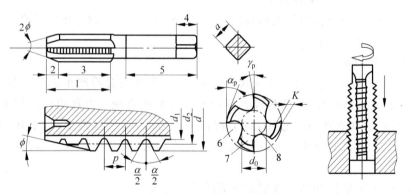

图 6-21 丝锥及其应用

1—工作部分；2—切削部分；3—校准部分；4—方头；5—柄部；6—槽；7—齿；8—芯部

为减少切削阻力，提高丝锥使用寿命，丝锥通常做成 2～3 支一组。M6～M24 的丝锥 2 支一组，小于 M6 和大于 M24 的 3 支一组。小丝锥强度差，易折断，将切削余量分配在 3 个等径的丝锥上。大丝锥切削的金属量多，应逐渐切除，分配在 3 个不等径的丝锥上。

（2）丝锥扳手

丝锥扳手（俗语铰杠）是用来夹持丝锥、铰刀的手工旋转工具，如图 6-22 所示。常用的是可调式丝锥扳手，即转动一端手柄，可调节方孔大小，以便夹持各种不同尺寸的丝锥。

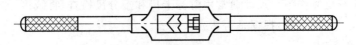

图 6-22　丝锥扳手

2）攻螺纹方法

攻螺纹时，先用头锥起攻，将丝锥方头夹到丝锥扳手方孔内，丝锥垂直地插入孔口，双手均匀加压，转动丝锥扳手。当头锥拧入孔内 1～2 圈后，用 90°角尺在两个垂直平面内进行检查，如图 6-23 和图 6-24 所示，以保证丝锥与工件表面垂直。旋入 3～4 圈后可只旋转不施压。此后每旋转半圈至一圈，应倒转 1/4 圈，以便断屑。头锥攻完后依次用二锥或三锥继续攻制螺纹，直到螺纹符合要求，此时只需旋转丝锥扳手，而不必施压。

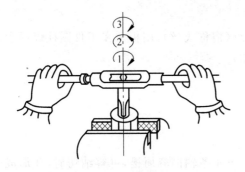

图 6-23　攻螺纹

图 6-24　用 90°角尺检查丝锥位置

攻不通孔螺纹时，要及时清除积屑。丝锥顶端接近孔底时，要特别留意扭矩变化，若扭矩明显增大，应头锥、二锥交替使用。

攻普通碳素钢工件时，可加机械油润滑；攻铸铁工件时，采用手攻时不必加润滑油，机攻时可加注煤油，以清洗切屑。

3）螺纹底孔的确定

攻螺纹时，丝锥除了切削螺纹牙间的金属外，对孔壁也有着严重的挤压作用，因此会产生金属凸起并被挤向牙尖，使螺纹孔内径小于原底孔直径。因此攻螺纹的底孔直径应稍大于螺纹内径，如底孔直径过小，将会使挤压力过大，导致丝锥崩刃、卡死，甚至折断，此现象在攻塑性材料时更为严重。但若螺纹底孔过大，又会使螺纹牙型高度不够，降低强度。

确定底孔直径大小，可查表或根据下面的经验公式。

（1）加工钢和塑性较好的材料：

$$D = d - P$$

（2）加工铸铁和塑性较差的材料，在较小扩张量条件下：

$$D = d - (1.05 \sim 1.1)P$$

式中：D 为螺纹底孔直径；d 为螺纹大径；P 为螺距。

攻不通孔螺纹时，因丝锥不能在孔底部加工出完整的螺纹，所以螺纹底孔深度应大于所要求的螺纹长度，不得少于要求的螺纹长度加上 0.7 倍螺纹外径。

2. 套螺纹

1) 套螺纹工具

（1）板牙：加工外螺纹的工具，用合金工具钢
9SiCr、9Mn2v 或高速钢并经淬火、回火制成。板牙的
构造如图 6-25 所示，由切削部分、校准部分和排屑孔
组成。它本身就像一个圆螺母，只是在它上面钻有几
个排屑孔，并形成切削刃。

切削部分是板牙两端带有切削锥角（2φ）的部分，
起着主要的切削作用。板牙的中间是校准部分，起着
修光、导向和校准螺纹尺寸的作用。板牙的外圈有一
条深槽和 4 个锥坑，深槽可微量调节螺纹直径大小，锥
坑用来在板牙架上定位和紧固板牙。

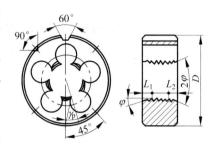

图 6-25 板牙（圆板牙）

（2）板牙架：用来夹持圆板牙并传递扭矩的工具，如图 6-26 所示。

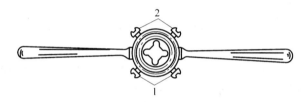

图 6-26 板牙架
1—紧固螺钉；2—调节螺钉

2) 套螺纹方法

套螺纹前的圆杆端部应有 15°～40°倒角，使板牙容易切入，同时可避免螺纹加工完成后
螺纹端部出现锋口，影响使用。工件伸出钳口的长度，在不影响螺纹要求长度的前提下，应
尽量短一些。套螺纹过程与攻螺纹相似。

3) 套螺纹前圆杆直径的确定

与攻螺纹的切削过程类似，板牙的切削刃除了起切削作用外，对工件的外表面同样起着
挤压作用。所以圆杆直径不宜过大，过大会使板牙切削刃受损；太小则套出的螺纹不完整。
圆杆直径 d' 可用下面经验公式计算：

$$d' \approx d - 0.13P$$

式中：d 为螺纹外径；P 为螺纹的螺距。

6.3 装配和拆卸

装配是把合格的零件，按规定的技术要求连接组装起来，并经检验和调试使之成为合格
产品的工艺过程。任何一台机器都可以划分为若干个零件、组件和部件。相应的装配有组
件装配、部件装配和总装配之分。组件装配是将若干个零件安装在一个基础零件上而构成
组件，例如减速箱的轮系装配。部件装配是将若干个零件、组件安装在另一个基础零件上而

构成部件,例如减速箱装配。总装配是将若干个零件、组件、部件安装在另一个较大、较重的基础零件上而构成产品。例如车床即是由多个箱体等零件安装在床身上而构成。装配是机器制造中的最后一道工序,对产品质量有决定性的影响。

6.3.1　对装配工作的要求

1．装配前的准备

(1)研究装配图的技术条件,了解产品的结构和零件的作用以及相互连接的关系。

(2)确定装配的方法、程序和所需工具。

(3)领取和清洗零件,清洗时,用柴油、煤油去掉零件上的锈蚀、切削末、油污及其他脏物,然后涂上一层润滑油。

2．对装配工作的要求

(1)装配时,应检查零件上与装配有关的形状和尺寸精度是否合格,检查有无变形、损坏等。应注意零件上的各种标记,防止错装。

(2)固定连接的零、部件,不允许有间隙。活动的零件,能在正常的间隙下,灵活均匀地按规定方向运动。

(3)各种运动部件的接触表面,必须保证有足够的润滑,若有油路,必须畅通。

(4)各种管道和密封部件,装配后不得有渗漏现象。

(5)高速运动机构的外面,不得有凸出的螺钉头、销钉头等。

(6)试车前,应检查各部件连接的可靠性和运动的灵活性;检查各种变速和变向机构的操纵是否灵活,手柄位置是否在合适的位置;试车时,从低速到高速逐步进行,并且根据试车情况,进行必要的调试,使其达到运转的要求,但是要注意不能在运转时进行调整。

6.3.2　常用的装配方法

为了使装配产品符合技术要求,对不同精度的零件装配,采用不同的装配方法。常用的装配方法有:完全互换法、选配法、修配法和调整法。

1．完全互换法

在同类零件中,任取一件不需经过其他加工,就可以装配成符合规定要求的部件或机器,零件的这种性能称为互换性。具有互换性的零件,可以用完全互换法进行装配,如自行车的装配方法。完全互换法操作简单,生产效率高,便于组织流水作业,零件更换方便。但对零件的加工精度要求比较高,一般在零件生产中需要专用工、夹、模具来保证零件的加工精度,适合大批量生产。

2．选配法(分组装配法)

在完全互换法所确定的零件的基本尺寸和偏差的基础上,扩大零件的制造公差,以降低制造成本。装配前,可按零件的实际尺寸分成若干组,然后将对应的各组配合进行装配,以达到配合要求。例如内燃机活塞销与活塞销孔的配合、车床尾座与套筒的配合。选配法可提高零件的装配精度,而且不增加零件的加工费用。这种方法适用于成批生产中的某些精密配合处。

3. 修配法

在装配过程中,修去某一预先规定零件上的预留量,以消除积累误差,使配合零件达到规定的装配精度。例如车床的前后顶尖中心要求等高,装配时可将尾座底座精磨或修刮来达到精度要求。采用修配法装配,扩大了零件的公差,从而降低生产成本,但装配难度增加,时间增长,在单件小批量生产中应用很广。

4. 调整法

装配中还经常利用调整件(如垫片、调整螺钉、楔形块等)的位置,以消除相关零件的积累误差来达到装配要求。例如用楔铁调整机床导轨间隙。调整法装配的零件不需要进行任何加工,同样可以达到较高的装配精度,同时还可以进行定期的再调整。这种方法用于中小批量生产或单件生产。

6.3.3 基本元件的装配

1. 螺纹连接的装配

螺纹连接是机器装配中最为常用的可拆卸连接,装配时应注意以下几点:

(1)螺纹配合应做到用手能自由旋入,过紧则会咬坏螺纹,过松受力后螺纹容易断裂。

(2)螺栓、螺母端面应与螺纹轴线垂直,以使受力均匀。

(3)零件与螺栓、螺母的配合面应平整光洁,否则易松动。为了提高贴合质量,可加平垫片。

(4)装配成组螺钉螺母对时,为了保证零件的贴合面受力均匀,应按一定顺序拧紧,如图 6-27 所示。而且不要一次完全旋紧,应按图中顺序分两次或三次旋紧。

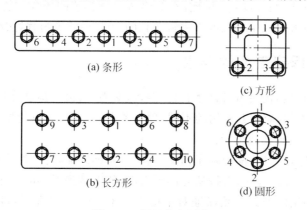

图 6-27　螺母拧紧顺序

2. 键连接的装配

键连接是用于传动扭矩的连接,如轴和轮毂的连接。装配键时应注意:

（1）键的侧面是传递扭矩的工作表面，一般不应修锉。键的顶部与轮毂间应有 0.1mm 左右间隙，如图 6-28 所示。

（2）键连接的装配顺序是：先将轴与孔试配，再将键与轴及轮毂孔的键槽试配，然后将键轻轻打入轴的键槽内，最后对准轮毂孔的键槽将带键的轴推进轮孔中，如配合较紧，可用铜棒敲击进入或用台钳压入。

3. 销连接的装配

销连接主要用来定位或传递不大的载荷，有时起保护作用，如图 6-29 所示，其中图(a)、(b)作定位用，图(c)作连接用，图(d)作保险用。常用的销分为圆柱销和圆锥销两种。

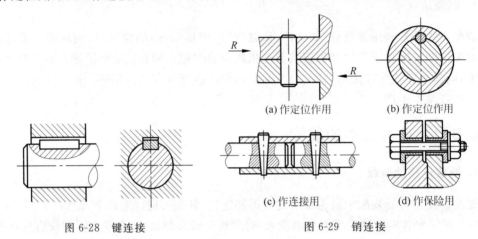

(a) 作定位作用   (b) 作定位作用

(c) 作连接用   (d) 作保险用

图 6-28   键连接   图 6-29   销连接

销连接装配时，被连接的两孔需同时钻、铰，销孔实际尺寸必须保证销打入时有足够的过盈量。

圆柱销依靠其少量的过盈固定在孔中。装配时，在销表面涂上机油，用铜棒轻轻打入。圆柱销不宜多次装拆，否则影响定位精度或连接的可靠性。

圆锥销具有 1∶50 的锥度，多用于定位以及需经常拆装的场合。装配时，必须控制铰孔深度，以销钉能自由插入孔中的长度占销钉总长的 80%～85% 为宜，然后用铜棒轻轻打入。

6.3.4   对拆卸工作的要求

在进行设备检修时，需拆开并卸下待修零件或装置，拆卸时应注意以下要求。

（1）机器拆卸工作，应按其结构的不同，预先考虑操作程序，以免先后倒置，或贪图省事猛拆猛敲，造成零件的损伤或变形。

（2）拆卸的顺序，应与装配的顺序相反，一般应先拆外部附件，然后按总成、部件进行。

（3）在拆卸部件或组件时，应按从外部到内部，从上部到下部的顺序，依次拆卸。

（4）拆卸时，使用的工具必须保证对合格零件不会发生损伤（尽可能使用专用工具）。严禁用硬手锤直接在零件的工作表面上敲击。

（5）拆卸时，零件的回松方向（左、右螺纹）必须辨别清楚。拆下的部件和零件，必须有次序、有规则地放好，并按原来结构套在一起，配合件作上记号，以免搞乱。对丝杠、长轴类零件必须用绳索将其吊起，并且用布包好，以防弯曲变形和碰伤。

6.3.5 JGT G0 40 微型摩托车的拆卸与装配

1. JGT G0 40 微型摩托车总体结构

JGT G0 40 微型摩托车主要由车架、发动机、传动系统、行走系统、刹车系统等组成(见图 6-30)。其中车架由车头、车梁、车座、脚踏板、后减振装置等组成,为车辆骑乘提供支承强度,并连接其他部件,使其构成一个整体;发动机由汽缸、活塞、连杆、曲柄、化油器、点火系统、启动系统等组成,其作用是为车辆提供动力;传动系统由惯性摩擦离合器、传动齿轮箱、大小齿轮、大小链轮、链条等组成,其任务是将发动机动力传递至后轮,驱动车辆;刹车系统由前后手闸、碟刹装置等组成,其作用是对车辆进行制动;行走系统由前后轮及支承装置组成。

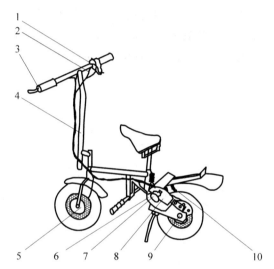

图 6-30　JGT G0 40 微型摩托车总体构造

1—熄火按钮;2—后闸;3—前闸;4—车架;5—前碟刹装置;6—油箱;
7—启动拉杆;8—发动机;9—后碟刹装置;10—传动装置

2. JGT G0 40 微型摩托车发动机的拆卸

根据 JGT G0 40 微型摩托车发动机的结构,按从外部到内部、从上部到下部的拆卸要求,确定该发动机的拆卸顺序如表 6-2 所示。

表 6-2　JGT G0 40 微型摩托车发动机的零件与组件拆卸顺序

01	滤清器罩	08	油箱	15	化油器座
02	滤芯	09	消音器	16	缸体
03	滤清器座	10	启动装置	17	曲轴箱左体
04	化油器总成	11	单向启动座	18	曲轴箱右体
05	高压线压板	12	火花塞	19	活塞连杆曲轴组
06	缸体罩	13	点火线圈		
07	消音器罩	14	张紧式离合摩擦块		

拆卸时，使用的工具必须保证对合格零件不会发生损伤（尽可能使用专用工具）。严禁用硬手锤直接在零件的工作表面上敲击。零件的回松方向（左、右螺纹）必须辨别清楚。拆下的部件和零件，必须有次序、有规则地放好，并按原来结构套在一起，配合件作上记号，以免错乱。

3．JGT G0 40 微型摩托车发动机的装配

　　装配顺序沿拆卸的相反顺序进行，装配时螺纹配合应作到用手能自由旋入，过紧会咬坏螺纹，过松则会导致螺纹脱落或断裂。装配成组螺钉、螺母时，为了保证零件贴合面受力均匀，应按一定顺序来旋紧，并且不要一次完全旋紧，应按顺序分两次或三次旋紧，即第一次先旋紧到一半的程度，然后再完全旋紧。固定连接的零、组件，不允许有间隙。活动的零件，能在正常的间隙下，灵活均匀地按规定方向运动。

　　试车前，应检查各部件连接的可靠性和运动的灵活性，检查各种变速和变向机构的操纵是否灵活、手柄位置是否在合适的位置。试车时，从低速到高速逐步进行，并且根据试车情况，进行必要的调节，使其达到运转的要求，但是要注意不能在运转时进行调整。

第7章

现代制造技术

7.1　数控加工技术

【思考与讨论】

如图 7-1 所示整体叶轮等复杂形状工件的加工方法。

图 7-1　整体叶轮

7.1.1　基础知识

1. 概述

数控技术(NC),简称数控,是一种采用计算机对机械加工过程中各种控制信息进行数字化处理、运算,并通过高性能的驱动单元对机械执行构件进行自动化控制的高新技术。国家标准定义为:"用数字化信号(数字、字母和符号)对机床运动及其加工过程进行控制的一种方法"。数控加工技术是应用装备了数控系统的机械加工设备进行加工的技术。

1948 年美国的一个小型飞机工业承包商帕森斯公司(Parsons Co)在制造直升飞机的转动机翼时,提出了采用电子计算机对加工轨迹进行控制和数据处理的设想,并与美国麻省理工学院合作,于 1952 年研制出世界上第一台三坐标数控铣床,使得加工精度达到 ±0.0015in。1954 年年底,在 Parsons 专利的基础上,第一台工业用 NC 机床由美国 Bendix 公司生产出来,这是一台实用化的 NC 机床,控制系统采用的是电子管。

从 1952 年至今,NC 机床按 NC 系统的发展经历了分别由电子管、晶体管、小规模集成电路、通用小型计算机、微处理器、PC 组成 NC 系统 6 代,使数控系统由硬件 NC 发展到计算机数控(CNC)。随着计算机技术、网络技术的发展,数控技术向运行高速化、加工高精度化、高效化、多功能化、复合化和控制智能化方向发展。

2．数控加工原理

数控机床加工的基本工作原理是将加工过程所需的各种操作（如主轴变速、工件夹紧、进给、起停、刀具选择、冷却液供给等）步骤以及工件的形状尺寸（即零件的几何信息和工艺信息）用程序（数字化的代码）来表示，再由计算机的数控装置对这些输入的信息进行处理和运算。把刀具与工件的运动坐标分割成一些最小单位量，即最小位移量，然后由数控系统按照零件程序的要求控制机床伺服驱动系统，使坐标移动若干个最小位移量，从而实现工件与刀具之间的相对运动，以完成零件的加工。当被加工工件改变时，除了重新装夹工件和更换刀具外，只需更换程序。数控机床的工作原理如图 7-2 所示。

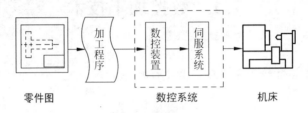

图 7-2　数控机床的工作原理示意图

3．数控机床的组成与分类

数控机床主要由计算机数控装置（CNC 装置）、伺服单元、驱动装置、检测装置、操作面板、控制介质和输入输出设备、可编程控制器（PLC）、机床 I/O 接口电路、机床本体等组成，如图 7-3 所示。

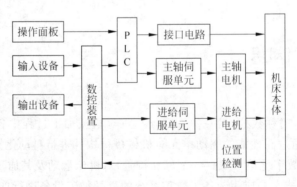

图 7-3　数控机床的组成

数控机床品种齐全，规格繁多，可以从多种角度对数控机床进行分类。

1）按工艺用途分类

（1）金属切削类数控机床，包括数控车床、数控铣床、数控钻床、数控镗床及数控磨床等。加工中心是一种带有刀库和自动换刀装置的数控机床，典型的有镗铣加工中心和车削加工中心。

（2）金属成形类数控机床，包括数控冲床、数控弯管机等。

（3）数控特种加工机床，包括数控线切割机床、数控激光切割机床等。

2）按运动控制的方式分类

（1）点位控制数控机床：只控制运动部件从一点移动到另一点的准确定位，在移动过程中不进行加工，对两点间的移动速度和运动轨迹没有严格要求。

（2）直线控制数控机床：不仅要控制点的准确定位，而且要控制刀具（或工作台）以一定的速度沿与坐标轴平行的方向进行切削加工。

（3）轮廓控制数控机床：能够对两个或两个以上运动坐标的位移及速度进行连续相关的控制，使合成的平面或空间的运动轨迹能满足零件轮廓的要求。

3）按伺服系统的类型分类

（1）开环控制系统数控机床：没有位置检测元件，伺服驱动部件通常为步进电动机。

（2）闭环控制系统数控机床：带有直线位移检测装置，直接对工作台实际位移量进行检测，伺服驱动部件通常采用直流伺服电动机或交流伺服电动机。

（3）半闭环控制系统数控机床：将检测元件安装在丝杠轴端或电动机轴端，测量伺服机构中电动机或丝杠的转角，来间接测量工作台的位移。

4）按数控装置的功能水平分类

（1）低档数控机床。又称经济型数控机床，一般由单板机与步进电机组成，功能简单，价格低。其技术指标为：脉冲当量 0.01～0.005mm，进给速度 4～15m/min，开环步进电动机驱动，用数码管或简单 CRT 显示，主 CPU 一般为 8 位或 16 位。

（2）中档数控机床。其技术指标为：脉冲当量 0.005～0.001mm，进给速度 15～24m/min，伺服系统为半闭环直流或交流伺服系统，有较齐全的 CRT 显示，可显示字符和图形，具有人机对话、自诊断等功能，主 CPU 一般为 16 位或 32 位。

（3）高档数控机床。其技术指标为：脉冲当量 0.001～0.0001mm，进给速度 24～100m/min，伺服系统为闭环直流或交流伺服系统，CRT 显示除具备中档的功能外，还具有三维图形显示等，主 CPU 一般为 32 位或 64 位。

4．常用数控系统简介

1）FANUC 系统

FANUC 系统具有高可靠性及完整的质量控制体系，故障率低，操作简便，易于故障的诊断和维修，在我国市场的占有率是最高的。FANUC 系统现有 OD 系列、OC 系列、Oi 系列、Oi Mate 系列、CNC16i/18i/21i 系列等。其中 Oi Mate-TC、Oi -TC 用于车床，Oi Mate-MC、Oi-MC 用于铣床及小型加工中心。

2）SIEMENS 系统

SIEMENS 系统采用模块化结构设计，经济性好，具有优良的机床使用性，具有与上一级计算机通信的功能，易于进入柔性制造系统，编程简单，操作方便。目前推出的控制系统主要有 840D，840C，810D，802D，802C，802S 等。

3）其他系统

目前国内所用的进口系统还有日本的三菱系统，西班牙的 FAGOR 系统、NUM 系统、Allen-Bradley 系统等。国产系统主要有广州数控系统、华中数控系统、北京航天数控系统等。

5. 数控机床编程基础

制备数控加工程序的过程称为数控编程,数控编程方法分为手工编程和自动编程两种。手工编程就是从分析零件图样、确定工艺过程、计算数值、编写零件加工程序单、制备控制介质到校验程序都由人工完成。自动编程即用计算机自动编制数控加工程序,编程人员根据加工零件图纸的要求,进行参数选择和设置,由计算机自动进行数值计算、后置处理,生成零件加工程序单,直至将加工程序通过直接通信的方式送入数控机床,控制机床进行加工。

1) 数控编程的主要内容与步骤

根据零件图分析零件图样,确定加工工艺过程,数值计算,编写零件加工程序,制作控制介质或输入程序,校对程序及首件试切。

2) 程序的结构

一个完整的程序由程序号、程序内容和程序结束三部分组成。

(1) 程序号即为程序的开始部分,为了区别存储器中的程序,每个程序都要有程序编号,在编号前采用程序编号地址码。如在 FANUC 系统中,采用英文字母"O"作为程序编号地址,其他系统有采用"％"或":"等。

(2) 程序内容是整个程序的核心,由许多程序段组成,每个程序段由一个或多个指令组成,表示数控机床要完成的全部动作。

(3) 程序结束是以程序结束指令 M02 或 M30 作为整个程序结束的符号,结束整个程序。

3) 程序段格式

程序段格式是指一个程序段中字、字符、数据的书写规则,通常有字地址程序段格式、使用分隔符的程序段格式和固定程序段格式,最常用的为字地址程序段格式,其中的功能字及其功能如表 7-1。

表 7-1　功能字及其功能

N	G	X	Y	Z	F	S	T	M	LF
程序段号	准备功能字	尺寸字	尺寸字	尺寸字	进给功能字	主轴转速功能字	刀具功能字	辅助功能字	程序段结束

(1) 程序段号字是用于识别程序段的编号,由地址码 N 和后面的若干位数字组成。

(2) 准备功能字是使数控机床作好某种操作准备的指令,用地址 G 和两位数字表示,G00~G99 共 100 种。

(3) 尺寸字由地址码、"+"、"−"符号及绝对(或增量)数值构成。尺寸字的地址码有 X,Y,Z,U,V,W,P,Q,R,A,B,C,I,J,K,D,H 等,分别表示坐标值及圆弧中心坐标等。

(4) 进给功能字 F 表示刀具中心运动时的进给速度,由地址码 F 和后面若干位数字构成。

(5) 主轴转速功能字 S 表示主轴转速,S800 表示主轴转速为 800r/min。

(6) 刀具功能字表示指定的刀号,如 T03 表示指定第 3 号刀具。

(7) 辅助功能字表示机床的一些辅助性指令,有 M00~M99 共 100 种。

(8) 程序段结束指令,写在每一程序段后,表示程序段结束,用 ISO 码时,结束符用

"NL"或"LF"。也有用"＊"、"；"等符号作为结束符,有的直接回车即可。

4)机床坐标系与运动方向

(1)坐标和运动方向命名的原则

不论在加工中是刀具移动,还是被加工工件移动,一般都规定刀具相对于静止的工件运动。

(2)坐标系和运动方向的规定

为了确定机床的运动方向和移动的距离,要在机床上建立一个坐标系,这个坐标系就是机床坐标系。在编程时,以该坐标系来规定运动的方向和距离,同时确定工件坐标系。数控机床上的坐标系采用右手笛卡儿直角坐标系(见图 7-4)。对运动方向的规定是:机床某一部件运动的正方向是增大工件和刀具之间距离的方向。

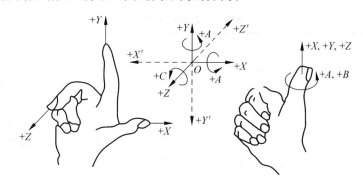

图 7-4　笛卡儿直角坐标系

5)数控系统的准备功能和辅助功能

(1)准备功能

准备功能又称 G 功能或 G 代码,它是使机床或数控系统建立起某种加工方式的指令。G 代码分为模态代码(又称续效代码)和非模态代码。模态代码是该代码出现后一直有效,直到出现同组的另一个代码时才失效。而非模态代码是该代码只有在写有该代码的程序段中才有效。常用的 G 代码如表 7-2 所示。

表 7-2　常用的 G 代码

指令代码	模态	非模态	组别	功　能	开机默认状态
G00	＊			定位(快速进给)	＊
G01	＊		01	直线插补(切削进给)	
G02	＊			顺时针方向圆弧插补	
G03	＊			逆时针方向圆弧插补	
G04		＊	00	暂停	
G17	＊			XY 平面选择	＊
G18	＊		02	ZX 平面选择	
G19	＊			YZ 平面选择	
G28			00	返回到参考点	
G30				返回第二参考点	
G33	＊		01	螺纹加工	

续表

指令代码	模态	非模态	组别	功　能	开机默认状态
G90	*		03	绝对值输入	*
G91	*			增量值输入	
G98	*		05	进给速度,mm/min	
G99	*			进给量,mm/r	*

（2）辅助功能

辅助功能又称 M 功能或 M 代码,是控制机床或系统开关状态的一种功能,如冷却泵开与停、主轴正转与反转、程序结束等。常用的 M 代码如表 7-3 所示。

表 7-3　常用的 M 代码

代　码	功能开始时间		模态	非模态	功　　能
	与运动指令同时开始	运动指令完成后开始			
M00		*		*	程序暂停
M01		*		*	程序选择停
M02		*		*	程序结束
M03	*		*		主轴顺时针方向转动
M04	*		*		主轴逆时针方向转动
M05		*	*		主轴停止
M06				*	换刀
M08	*		*		冷却液开
M09		*	*		冷却液关
M19				*	主轴定向停止
M30		*		*	程序结束返回第一句

7.1.2　*XY* 数控工作台基本操作

XY 数控工作台是许多机电一体化系统的基本组成部件,如车、铣、钻、激光加工等各种数控设备。*XY* 数控工作台按照工业标准设计,采用工业级零部件制造。

1. *XY* 数控工作台的组成

XY 数控工作台由机械本体和控制系统两部分组成。其中机械本体是数控工作台的机械部分,采用模块化拼装,其主体由两个直线运动单元组成。每个直线运动单元主要包括工作台面、滚珠丝杠、导轨、轴承座、基座等部分,如图 7-5 所示。*XY* 数控平台的控制系统主要由普通 PC、电控箱、运动控制卡、伺服电机及相关软件组成,电控箱内装有交流伺服驱动器、开关电源、断路器、接触器、运动控制器端子板、按钮开关等。伺服电机采用交流伺服电机。用笔架代替刀架,用圆珠笔模拟刀具在工作台上的纸上画出运动轨迹。

2. 数控工作台控制软件的操作

通用数控系统是数控工作台的控制软件,是基于 Windows 操作系统的一套开放式数控

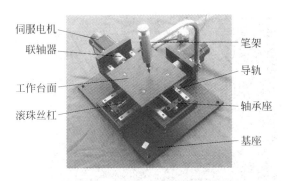

图 7-5 XY 数控工作台机械本体

系统。本系统的运动控制器采用数字信号处理器（DSP）和大规模可编程逻辑器件（CPLD）相结合的结构，DSP 主要处理轨迹规划，CPLD 用于实现位置计数器等数字接口电路。该系统纯软件操作，界面友好，如图 7-6 所示。

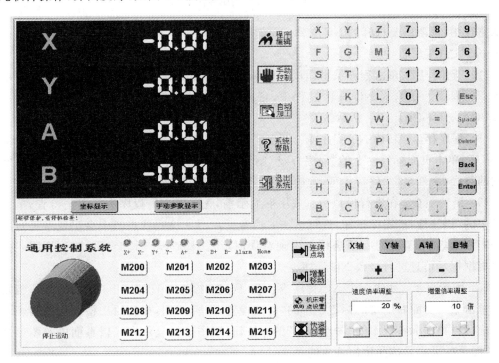

图 7-6 通用数控系统界面

通用控制系统软件包含 3 个主要功能模块，即程序编辑、手动控制和自动加工。

1）程序编辑

单击标签栏"程序编辑"图标按钮，即进入程序编辑模块，如图 7-7 所示。程序编辑界面分为 5 大部分：①打开的 NC 程序路径；②图形显示区；③NC 程序编辑框；④语法检查状态栏；⑤标签栏，包括打开文件、新建程序、程序存盘、语法检查、图形显示、模拟仿真等功能。

（1）打开文件：打开对于以磁盘文件形式保存的 NC 文件，单击页面标签栏中的图标，系统弹出一个以 *. nc 为后缀的文件对话框。

打开文件步骤：①在搜寻工具栏中，根据 NC 文件所在路径进行定位；②在 NC 文件所

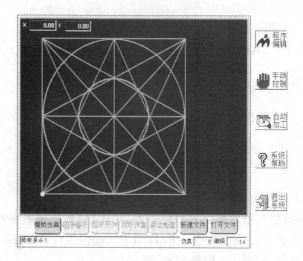

图 7-7　程序编辑界面

在的路径中,选取所要打开的 NC 文件;③单击"Load"按钮,就可以将所选取的 NC 文件装载入 NC 文件编辑框中。

(2)新建程序:单击程序编辑面板的标签栏中的"新建程序"图标,在 NC 程序编辑框中输入 NC 程序。在输入 NC 文件过程中,可使用下列组合键进行编辑:Ctrl+X:剪切;Ctrl+C:复制;Ctrl+V:粘贴。

(3)程序存盘:新建 NC 程序或打开已经存在的 NC 程序,经过编辑修改后,需要保存 NC 程序,单击页面标签栏上的"程序存盘"图标按钮,系统会弹出一对话框,依次选择文件存放的路径、文件名称、保存类型,经确认后,选择"确定"按钮。

(4)语法检查:在进行模拟仿真或图形显示前,先要对 NC 程序进行语法检查,单击工具栏中的"语法检查"图标按钮,进行语法的检查。在语法检查状态栏中会出现系统对所选 NC 程序语法的检查信息。语法检查出现错误时,语法检查状态栏会提示错误原因。操作者可根据提示信息进行修改 NC 程序。

(5)图形显示:新建一个 NC 程序或装载已经存在的 NC 程序,让其显示在程序编辑框里。单击编辑页面右下角的标签栏中的"语法检查"图标按钮,如若语法检查通过则表示程序正确。再单击标签栏中的"图形显示"图标按钮,则图形就显示在编辑页面中的图形显示区中,图形的大小是按照比例缩放的。

(6)模拟仿真:装载完 NC 程序,经过语法检查后,单击编辑页面下的标签栏中的"模拟仿真"图标按钮,图形显示区中就显示数控平台的模拟运动过程。

2)手动控制

手动控制界面如图 7-8 所示。

手动工作区包括如下功能:

(1)状态显示:包括极限开关和其他信息。

(2)手动操作选项:包括速度选择(速度倍率调整,增量倍率调整)以及数控机床坐标轴选择及移动方向选择。

(3)连续点动:在"手动操作"界面,先单击图标,选择连续,启动各坐标轴。再选择速

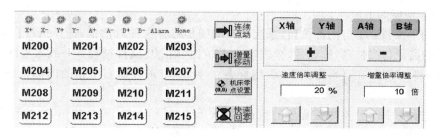

图 7-8 手动控制界面

度,最后选择运动的方向,单击下面的"＋"或"－"选择坐标轴的运动方向。

（4）增量移动：在"手动操作"界面,先单击图标,选择增量,启动各坐标轴。再选择速度,最后选择运动的方向,单击下面的"＋"或"－"选择坐标轴的运动方向。

（5）快速回零：在手动操作面板上,当坐标轴的位置不为零或者还在运动时,要想快速回零,则先单击轴运动的反方向,使坐标轴先停止下来。先单击图标按钮,再选择轴的正方向或负方向,它就可以快速回到机床零点。

（6）零点设置：在手动操作界面上,零点设置也就是设置机床坐标系零点,即坐标清零。选择面板上的零点设置,就能把当前点作为机床原点。

（7）坐标显示。

（8）手动操作参数显示。

3）自动加工

单击标签栏中的"自动加工"图标按钮,即进入自动加工面板,界面如图 7-9 所示。

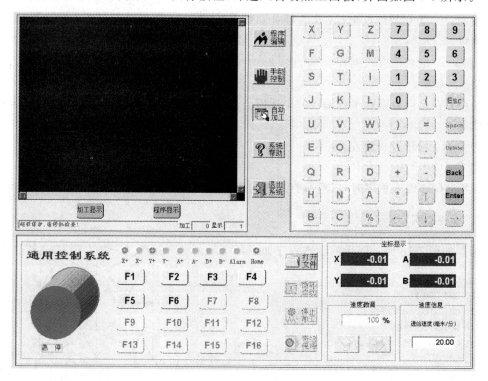

图 7-9 自动加工界面

该界面功能如下所述。

（1）打开文件：单击图标按钮，系统会自动弹出打开文件对话框，选择执行自动方式的 NC 文件的路径与文件名，确认后，单击"Load"按钮，则 NC 文件被打开并载入系统中。

（2）循环启动：在自动方式下，设定好各个参数，单击界面右下角的图标按钮，执行程序，进行加工。

（3）进给保持：暂停数控程序的执行，再次单击"进给保持"图标按钮，数控程序从当前位置继续往下执行。

（4）停止加工：相当于紧急停止，遇到紧急情况时，单击该按钮，中断所有的加工程序。

3．本系统所用到的 G 指令简介

1）G00：快速点定位指令

格式：G00 IP_；

说明：刀具以数控系统预先设定的快速进给速度从起点移动到 IP 点，进行点定位。

2）G01：直线插补指令

格式：G01 IP_ F_；

说明：直线插补，IP 为终点坐标值，F 为进给速度（mm/min 或 mm/r）。如果不指明 F 的值，则按上一指令指定的进给速度进给；如果从未指定过 F 的值，则按快速运动的进给速度进给；因此 F 一般不能省略。

3）G02、G03：顺时针圆弧插补指令 G02，逆时针圆弧插补指令 G03。

格式：G02/G03 IP_R_ F_；

　　　G02/G03 IP_I_K_F_；

说明：IP 为切削终点坐标；R 为插补圆弧半径；I，K 为要插补圆弧圆心的坐标值，F 为进给速度。

4）G90：绝对值方式编程

格式：G90

说明：在此指令以后所有编入的坐标值全部以编程原点为基准；系统通电时机床处于 G90 状态。

5）G91：增量方式编程

格式：G91

说明：G91 编入程序时，以后所有编入的坐标值均以前一个坐标位置作为起点来计算。

4．编程实例

编制如图 7-10 所示图形的轨迹程序如下：

```
O0001
N10 G90 G00 X0 Y0
N20 G01 X100 Y0 F15
N30 G01 X100 Y100
N35 G01 X0 Y100
N40 G01 X0 Y0
N50 G01 X100 Y100
N60 G01 X100 Y50
```

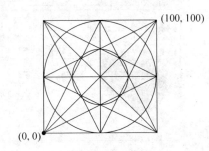

图 7-10　图形

```
N70 G01 X0 Y50
N80 G01 X0 Y100
N90 G01 X100 Y0
N100 G01 X50 Y0
N110 G01 X50 Y100
N120 G02 X50 Y0 I0 J-50
N125 G02 X50 Y100 I0 J50
N130 G01 X50 Y99
N140 G03 X50 Y0.02 R49.9
N145 G03 X50 Y99.9 R49.9
N150 G01 X50 Y100
N160 G01 X0 Y0
N170 G01 X100 Y50
N180 G01 X0 Y100
N190 G01 X50 Y0
N200 G01 X100 Y100
N210 G01 X0 Y50
N220 G01 X100 Y0
N230 G01 X50 Y100
N240 G01 X50 Y75
N250 G02 X50 Y25 R25
N255 G02 X50 Y75 R25
N260 G01 X50 Y74.99
N270 G03 X50 Y25.99 R24.99
N275 G03 X50 Y74.99 R24.99
N280 G01 X50 Y100
N285 G01 X0 Y0
N290 M30
```

7.1.3　数控车床基本操作

1. 数控车床的组成与操作方法

数控车床由床身、主轴箱、刀架进给系统、冷却润滑系统及数控系统组成。数控车床的进给系统与普通车床有质的区别,它没有传统的走刀箱、溜板箱和挂轮架,而是直接用伺服电动机或步进电动机通过滚珠丝杠驱动溜板和刀具,实现进给运动。数控系统由输入输出模块、NC 装置、伺服驱动和位置检测反馈装置、机电接口等组成。

以 J_1CK6132 型数控车床为例说明数控机床的操作方法。

1) 系统控制面板

J_1CK6132 型数控机床采用 FANUC Oi Mate-TC 数控系统,该系统由 CNC 装置、CRT 显示屏、控制面板和控制软件、伺服驱动和检测反馈装置等组成,该系统的 MDI 面板如图 7-11 所示。MDI 键盘说明如表 7-4 所示。

图 7-11　MDI 面板

2）车床操作面板

机床操作面板如图7-12所示。操作面板各键功能说明如下所述。

图7-12　机床操作面板

编辑：按下该键，进入编辑运行方式。

自动：按下该键，进入自动运行方式。

MDI：按下该键，进入MDI运行方式。

表7-4　MDI键盘说明

序号	名　　称	说　　明
1	复位键 RESET	可使CNC复位，用以消除报警等
2	帮助键 HELP	用来显示如何操作机床，如MDI键的操作，可在CNC发生报警时提供报警的详细信息（帮助功能）
3	软键	根据其使用场合，软键有各种功能。软键功能显示在CRT屏幕的底部
4	地址和数字键	按这些键可输入字母、数字以及其他字符
5	换档键 SHIFT	在有些键的顶部有两个字符。按＜SHIFT＞键来选择字符。当一个特殊字符Ê在屏幕上显示时，表示键面右下角的字符可以输入
6	输入键 INPUT	当按地址键或数字键后，数据被输入到缓冲器，并在CRT屏幕上显示出来。为了把键入到输入缓冲器中的数据复制到寄存器，按（INPUT）键。这个键相当于软键的［INPUT］键，按此两键的结果是一样的
7	取消键 CAN	可删除已输入到输入缓冲器的最后一个字符或符号。当显示键入缓冲器数据为：＞N001X100Z_时，按该键，则字符Z被取消，并显示：＞N001X100
8	程序编辑键	编辑程序时按这些键 ALTER：替换；INSERT：插入；DELETE：删除
9	功能键 POS、PROG、GRAPH等	用于切换各种功能显示画面。POS：显示位置坐标；PROG：显示程序；GRAPH：显示图形

续表

序号	名　　称	说　　明
10	光标移动键 → ← ↓ ↑	这是 4 个不同的光标移动键 →：用于将光标朝右或前进方向移动,在前进方向光标按一段短的单位移动; ←：用于将光标朝左或倒退方向移动,在倒退方向光标按一段短的单位移动; ↓：用于将光标朝下或前进方向移动,在前进方向光标按一段大尺寸单位移动; ↑：用于将光标朝上或倒退方向移动,在倒退方向光标按一段大尺寸单位移动
11	翻页键 ↑ PAGE ↓ PAGE	↑PAGE：用于在屏幕上朝前翻一页; ↓PAGE：用于在屏幕上朝后翻一页
12	功能键 OFFSET/SETTING	用于设定、显示补偿值
13	MESSAGE 键	用于显示报警、操作信息
14	SYSTEM 键	显示系统参数等
15	EOB 键	程序段结束键

[JOG]：按下该键,进入 JOG 运行方式。

[超程解锁]：用来解除超程警报。

[手摇]：按下该键,进入手轮运行方式。

[单段]：按下该键,进入单段运行方式。

[　]：按下该键,可以进行返回机床参考点操作(即机床回零)。

[正转]：按下该键,主轴正转。

[停止]：按下该键,主轴停转。

[反转]：按下该键,主轴反转。

[　]：循环启动键,用于自动操作的启动。

按[主轴100%](指示灯亮),主轴修调倍率被置为 100%,按一下[主轴升速],主轴修调倍率递增 5%;按一下[主轴降速],主轴修调倍率递减 5%。

[　]：进给轴和方向选择开关,用来选择机床欲移动的轴和方向。其中的[∿]为快进开关。当同时按下该键和轴方向键后,则刀架向该方向快进。

[　]：JOG 进给倍率刻度盘,用来调节 JOG 进给的倍率。倍率值从 0～150%,每格为 10%。

[　]：系统启动/关闭,用来开启和关闭数控系统。

：报警/回零指示灯，用来表明机床是否正常和回零的情况。当进行机床回零操作时，某轴返回零点后，该轴的指示灯亮。

：急停键，用于锁住机床。在出现异常情况下，按下急停键时，机床立即停止运动。

：进给保持按钮，在自动运行状态下，按下该键停止进给，此时 M、S、T 功能仍有效。

3）数控车床的开机步骤

（1）检查机床各部分初始状态是否正常。

（2）合上电源总开关，将机床控制柜上的开关拨到"ON"位置。

（3）按下机床控制面板上"系统启动"按钮。系统进入初始画面。

4）数控车床回参考点

开机后必须先回参考点，建立机床坐标系，若不回参考点，则螺距误差补偿等功能将无法实现。"回参考点"只有在回参考点方式下才能进行，步骤为：用机床控制面板上的"回参考点"键启动回参考点方式；按坐标方向键"＋X"、"＋Z"使每个坐标轴逐一回参考点，当回参考点灯亮时，刀架停止在参考点。通过选择另一种运动方式（如 MDI、AUTO 或 JOG）可以结束该功能。注意：为了安全，一般先让 X 轴回参考点，再让 Z 轴回参考点。

5）数控车床的对刀

回参考点后，实际值以机床零点为基准，而加工程序则以工件零点为基准，这之间差值就作为可设定的零点偏置量。通过对刀可确定这些参数，同时通过对刀确定了各把刀之间的统一基准，确定了刀具补偿值。故对刀要各把刀逐步进行，其过程为：

（1）先把某一把刀手动移到对刀点→轻车工件端面→X 向退刀（径向退刀，轴向位置不变）→按功能键 OFS/SET→按补正软键→按形状软键→按光标移动键将光标移到相应寄存器的 Z 位置→输入零偏值（若要对刀点为零点，则零偏值为 0）→按测量软键（此时自动计算刀具补偿参数）。

（2）手动移到刀具到对刀点→轻车外圆→Z 向退刀（轴向退刀，径向位置不变）→停下主轴→量工件直径→按功能键 OFS/SET→按补正软键→按形状软键→按光标移动键将光标移到相应寄存器的 X 位置→在零偏处输入工件直径→按测量软键（此时自动计算刀具补偿参数）。

此时一把刀对刀完成。退出后换另一把刀，重复上述步骤。

6）数控机床各轴的移动

各轴的移动必须在 JOG 方式中进行，在此状态下可以使坐标轴点动运行，其运动速度可通过修调开关调节。具体操作步骤为：

（1）通过机床控制面板上的 JOG 键选 JOG 方式。

（2）操作相应的键，如"＋X"或"－Z"等使坐标轴运行，坐标轴以机床设定数据中规定的速度运行。按下"＋X"或"－Z"等键后立即放开时，坐标轴以步进增量运动，若按下不放，则以连续方式运动。可通过按下手轮键，进入"手轮"方式操作。在 MDI 操作方式下，可完成单段程序的运行。

7）数控车床新程序的输入、修改、编辑

新程序输入的操作步骤有：

（1）按"编辑"键，进入编辑工作方式。

（2）选择系统面板上的"PROG"键，按"DIR"软键，显示已存在的程序目录。

（3）输入新主程序或子程序名称，按"INSERT"键确认输入，生成新程序文件，此时即可对新程序进行编辑。

（4）数控车床程序的修改。修改程序时，只要在编辑状态下，按"ALTER"改写、"INSERT"插入、"DELETE"删除等键即可进行修改。

8）数控车床刀偏的选择

按"OFS/SET"键，打开刀具补偿参数窗口，显示刀具的补偿值。可以按光标移动键选择某把刀具的刀补号，刀具长度补偿值在对刀时已计算出，其他参数（如刀尖圆弧半径、假想刀尖位置、刀具磨耗）可逐一输入。刀具补偿参数窗口如图 7-13 所示。

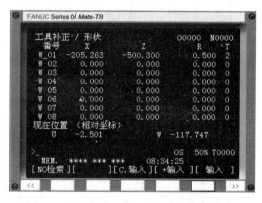

图 7-13　数控车床刀具补偿参数窗口

9）数控车床的程序在运行前，必须调整好系统和机床，因此必须特别注意机床生产厂家的安全说明。运行步骤如下：

（1）选择程序。在第一次选择"PROG"键时，显示器会自动显示当前程序，按"编辑"键，再按"DIR"键，显示零件程序和子程序目录，把光标定位到所选的程序上，用"检索"键选择待加工的程序，此时被选择的程序名称就会显示在屏幕区，如有必要，可以控制被选中程序的运行状态（如单段运行）。

（2）程序的运行。在自动方式下零件程序可以自动加工执行，其前提条件是：已经回过了参考点，被加工的零件程序已经装入，输入了必要的补偿值，安全锁定装置已启动。选择程序，在自动方式下按"循环启动"按钮，程序即开始执行。按"RESET"复位键停止加工的零件程序。

2．数控车床编程的特点

1）数控车床编程中的坐标系

数控车床坐标系分为机床坐标系和工件坐标系（编程坐标系）。无论哪种坐标系都规定与车床主轴轴线平行的方向为 Z 轴，从卡盘中心至尾座顶尖中心的方向为正方向。在水平面内与车床主轴轴线垂直的方向为 X 轴，远离主轴旋转中心的方向为正方向。

（1）机床坐标系如图 7-14 所示，它是机床固有的坐标系，是制造和调整机床的基础，也是设置工件坐标系的基础。机床坐标系在出厂前已经调整好，一般不允许随意变动。参考点也是机床上的一个固定不变的极限点(如图 7-14 中的 O'),其位置由机械挡块或行程开关来确定。

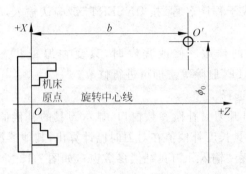

图 7-14　机床坐标系

(2) 工件坐标系是编程时使用的坐标系,又称编程坐标系。该坐标系是人为设定的,为了编程方便,工件原点一般设在工件端面中心,见图 7-15。注意 X 轴的正向可根据实际刀架位置情况而定,可朝上,也可朝下。

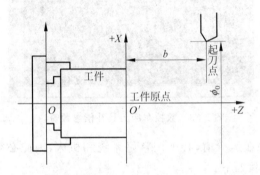

图 7-15　工件坐标系

2) 径向尺寸

被加工零件的径向尺寸在图纸标注和加工测量时,一般用直径值表示,所以采用直径尺寸编程更为方便。通常把 X 轴的位置数据用直径数据表示。

3) 固定循环

由于车削加工常用棒料和锻件作为毛坯,加工余量较大,为简化编程,数控车床常具备不同形式的固定循环,可进行多次循环切削。

4) 半径自动补偿

编程时,认为车刀刀尖是一个点,而实际上为了提高刀具寿命和工件表面质量,车刀刀尖常磨成一个半径不大的圆弧。为提高工件的加工精度,编制圆头刀程序时,需要对刀具半径进行补偿。大多数数控车床都具有刀尖圆弧半径补偿功能($G41,G42$),这类数控车床可直接按工件轮廓尺寸编程。

5) 圆弧顺逆的判断

数控车床是两坐标的机床,只有 X 轴和 Z 轴,应按右手定则的方法将 Y 轴也加上去来考虑。判断时让 Y 轴的正向指向自己(即沿 Y 轴的负方向看去),站在这样的位置就可正确判断 XZ 平面上圆弧的顺逆时针(见图 7-16)。

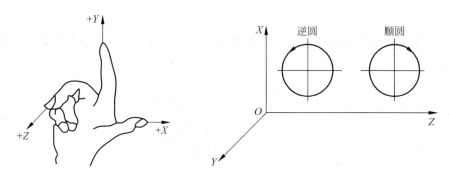

图 7-16　圆弧顺逆的判断

3. 编程实例

如图 7-17 所示工件,毛坯为 $\phi25mm \times 65mm$ 棒材,材料为 45 钢。

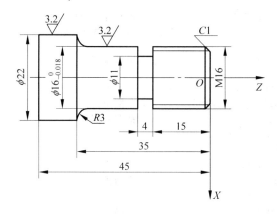

图 7-17　带螺纹零件

1)确定工艺方案及加工路线。

(1)粗车外圆。基本采用阶梯切削路线,分三刀切完。

(2)自右向左精车右端面及各外圆面:车右端面→倒角→切削螺纹外圆→车 $\phi16mm$ 外圆→车 $R3mm$ 圆弧→车 $\phi22mm$ 外圆。

(3)切槽。

(4)车螺纹。

(5)切断。

2)选择刀具

根据加工要求,选用 4 把刀具:T1 为粗加工刀,选 90°外圆车刀;T2 为精加工车刀;T3 为切槽刀,刀宽为 4mm;T4 为 60°螺纹刀。同时把 4 把刀在四工位自动换刀刀架上安装好,且都对好刀。

3)确定切削用量

粗车时,主轴转速 500r/min,进给速度 200mm/min;精车时,主轴转速 800r/min,进给速度 100mm/min;切槽时,主轴转速 300r/min,进给速度 60mm/min。

4)确定工件坐标系、起刀点和换刀点

确定以工件右端面与轴心线的交点 O 为工件原点,建立 XOZ 工件坐标系,如图 7-17 所示。采用手动试切对刀方法,把点 O 作为对刀点。换刀点设置在工件坐标系下 X100、Z100 处。

5）编写程序

按该机床规定的指令代码和程序段格式，把加工零件的全部工艺过程编写成程序单。加工程序如下：

```
O0002
N10  G50 X100 Z100;              建立工件坐标系
N20  T0101  S500 M03;            换1号刀具主轴正转
N30  G00   X22.5 Z2;             快速运动到(22.5,2)点
N40  G98   G01  Z-50 F200;       粗车外圆 φ22.5mm
N45  G00   X25;
N50  G00   Z2;                   退刀
N60        X19;                  进给到 X19mm
N70  G01   Z-32 F200;            粗车外圆 φ19mm
N80  G02   X22.5 Z-34 R3 F200;   粗车圆弧 R3mm
N90  G00   Z2;
N100       X16.5;
N110 G01   Z-32 F200;            粗车外圆 φ16.5mm
N120 G02   X22.5 Z-34.5 R3 F200; 粗车圆弧 R3mm
N130 G00   X100 Z100;
N140       T0202 S800;           换精车刀
N145 G00   X0 Z0;
N150 G01   X14 Z0 F100;
N160 G01   X15.991 Z-1 F100;     车倒角
N170       Z-32;                 精车外圆 φ16
N180 G02   X22 Z-35 R3 F100;
N190 G01   Z-50 F100;
N200 G00   X100 Z100;
N210       T0303 S300;           换切槽刀
N220 G00   X17 Z-19;
N230 G01   X11 F60;              切槽
N235 G04   X2.0;
N240 G01   X17;
N250 G00   X100 Z100;
N260       T0404;                换螺纹刀
N270 G00   X16 Z5;               至螺纹循环加工起始点
N274 G99 G92 X15 Z-17 F2;        车螺纹循环
N278 G92   X14.2 Z-17 F2;
N280 G92   X13.52 Z-17 F2;
N290 G00   X100 Z100;
N300       T0303;                换切槽刀
N310 G00   X27 Z-49;
N320 G98 G01 X0 F60;             切断
N330 G00   X100 Z100;
N340 M05;
N350 M30;
```

7.2 精密加工与特种加工

【问题与思考】

如图 7-18 所示的高硬度、高强度且具有微细异形孔、窄缝等复杂形状的工件的加工方法。

图 7-18 具有高硬度、高强度的复杂形状工件

精密加工是指加工精度和表面质量达到极高精度的加工工艺,通常包括精密切削、精密磨削以及光整精整加工等,它与特种加工关系密切,很多情况下与特种加工组合使用。

精密加工在制造业发展的不同时期,技术指标有所不同,见表 7-5。

表 7-5 不同时期机械加工技术指标

时 间	一般加工	精密加工	超精密加工
20 世纪 60 年代	$100\mu m$	$1\mu m$	$0.1\mu m$
20 世纪 90 年代	$5\mu m$	$0.05\mu m$	$0.005\mu m$
20 世纪末	$1\mu m$	$0.01\mu m$	$0.001\mu m$ (1nm)

将电、磁、声、光、化学等能量或其组合施加在工件的被加工部位上,从而实现材料被去除、变形、改变性能或被镀覆等的非传统加工方法统称为特种加工。目前一般采用的特种加工方法是电解加工、超声波加工、放电成形加工、激光加工、电子束加工、离子束加工、化学加工、水射流切割、爆炸成形等,见表 7-6。

表 7-6 常用特种加工方法

特种加工方法		能量形式	作用原理	英文缩写
电火花加工	成形加工	电能、热能	熔化、汽化	EDM
	线切割加工	电能、热能	熔化、汽化	WEDM
电化学加工	电解加工	电化学能	阳极溶解	ECM
	电解磨削	电化学机械能	阳极溶解 磨削	EGM
	电铸、电镀	电化学能	阴极沉积	EFM、EPM
激光加工	切割、打孔	光能、热能	熔化、汽化	LBM
	表面改性	光能、热能	熔化、相变	LBT
电子束加工	切割、打孔	电能、热能	熔化、汽化	EBM
离子束加工	刻蚀、镀膜	电能、动能	原子撞击	IBM
超声加工	切割、打孔、铣削	声能、机械能	磨料高频撞击	USM

7.2.1 精密加工与特种加工产生的背景

第二次世界大战后,特别是进入 20 世纪 50 年代以来,由于材料科学、高新技术的发展和激烈的市场竞争,尤其是国防工业部门发展尖端国防及科学研究的急需,各种新结构、新强韧材料和复杂形状的精密零件大量出现,对加工精度、表面粗糙度和完整性的要求越来严格,这就对机械制造业提出了一系列迫切需要解决的新问题、新任务。

要解决这些问题,仅仅依靠传统的切削加工方法很难或根本无法实现。于是,人们一方面通过研究高效加工的刀具和刀具材料、自动优化切削参数、利用在线刀具监控系统提高刀具可靠性、开发新型切削液、研制新型自动机床等途径,进一步改善切削状态、提高切削加工水平,并解决了一些问题,这就是我们所说的精密加工技术;另一方面,则冲破传统加工方法的束缚,不断地探索、寻求新的加工方法,于是一些本质上区别于传统加工的特种加工便应运而生,并不断获得发展。

传统的机械加工已有很久的历史,但是从第一次产业革命以来,一直到第二次世界大战以前,在这段长达150多年的漫长年代里,人们的思想一直还局限在自古以来传统的用机械能量和切削力来除去多余的金属,以达到加工要求。

直到1943年,苏联学者拉扎连科夫妇,在研究开关触点遭受火花放电腐蚀的现象和原因时,发现电火花的瞬时高温可使局部的金属熔化、气化而被蚀除掉,由此开创和发明了电火花加工方法。他们用铜丝在淬火钢上加工出小孔,可用软的工具加工任何硬度的金属材料,首次摆脱了传统的切削加工方法,直接利用电能和热能来去除金属,获得"以柔克刚"的效果。

此后,制造技术的进一步发展,更加丰富了使用非机械能量来去除、变形、改变材料性能或被镀覆等的非传统加工方法。

7.2.2 精密加工与特种加工的特点和作用

目前,精密加工与特种加工已经成为制造领域不可缺少的重要加工技术,在非常规机械加工领域发挥着独特的、越来越重要的作用。

(1) 解决各种难切削材料的加工问题。如硬质合金、钛合金、耐热钢、不锈钢、淬火钢、金刚石、复合材料、工程陶瓷、石英以及锗、硅、硬化玻璃等各种高硬度、高强度、高韧性、高脆性的金属及非金属材料的加工。

(2) 解决各种特殊复杂型面、尺寸微小或特大精密零件的加工问题。如喷气涡轮机叶片、锻压模等的立体成形表面,炮管内膛线、喷油嘴和喷丝头上的小孔、窄缝等的加工。

(3) 解决各种超精密、光整零件的加工问题。如对表面质量和精度要求很高的航天航空陀螺仪、激光核聚变用的曲面镜等,形状和尺寸精度要求在 $0.1\mu m$ 以上、表面粗糙度 Ra 要求在 $0.01\mu m$ 以下零件的精细表面加工。

(4) 解决特殊零件的加工问题。如大规模集成电路、光盘基片、微型机械和机器人零件、细长轴、薄壁零件、弹性元件等低刚度特殊零件的加工问题。

精密加工与特种加工相对传统切削加工具有明显的优势:

(1) 提高零件加工精度,提高产品性能、质量、工作稳定性和可靠性。英国 Rolls-Royce 公司的资料表明,将飞机发动机转子叶片的加工精度由 $60\mu m$ 提高到 $12\mu m$,加工表面粗糙度由 $Ra0.5\mu m$ 减少到 $Ra0.2\mu m$,则发动机的压缩效率将从 89% 提高到 94%。20 世纪 80 年代初,苏联从日本引进了 4 台精密数控铣床,用于加工螺旋桨曲面,使其潜艇的水下航行噪声大幅度下降,即使使用精密的声纳探测装置也很难发现潜艇的行踪。

(2) 提高零件的加工精度可促进产品的小型化。传动齿轮的齿形及齿距误差直接影响了其传递扭矩的能力。若将该误差从目前的 $3\sim6\mu m$ 降低到 $1\mu m$,则齿轮箱单位重量所能传递的扭矩将提高近一倍,从而可使目前的齿轮箱尺寸大大缩小。IBM 公司开发的磁盘,其记忆密度由 1957 年的 300bit/cm² 提高到 1982 年的 254 万 bit/cm²,提高近 1 万倍,这在很大程度上应归功于磁盘基片加工精度的提高和表面粗糙度的减小。

(3) 提高零件的加工精度可增强零件的互换性,提高装配生产率,推进自动化生产。自动化装配是提高装配生产率和装配质量的重要手段。自动化装配的前提是零件必须完全互换,这就要求严格控制零件的加工公差,从而导致零件的加工精度要求极高,精密加工使之成为可能。

(4) 精密加工与特种加工技术是一项涉及内容广泛的高新综合性技术。精密加工以及由此发展而来的超精密加工与特种加工已经是现代先进制造技术的重要组成部分,它成功的解决了许多传统加工方法无法解决的加工难题,广泛应用于航空、航天、军事工业等高端领域。同时,各国也都优先发展这些高新技术在民用工业中的应用。日本有学者统计,目前民用工业领域 75% 的技术均来自于军事工业。

精密工程、微米工程和纳米技术已成为世界制造技术领域的制高点,是现代制造技术的前沿,也是明天技术的基础。也可以说精密加工与特种加工在高端制造和现代前沿科学技术领域中已发挥着不可或缺的重要作用,可以说一个国家的精密加工与特种加工技术水平的高低也在一定程度决定一个国家的整体工业水平。

精密加工与特种加工技术引起了机械制造领域内的变革:

(1) 提高了材料的可加工性。

(2) 改变了零件的典型工艺路线。

(3) 大大缩短了新产品试制周期。

(4) 对产品零件的结构设计产生了很大的影响。

(5) 对传统的结构工艺性好与坏的衡量标准产生了重要影响。

有理由相信:随着先进制造技术的不断发展和完善,精密加工与特种加工技术将在机械制造业实现优质、高效、低耗、清洁、灵活生产,不断提高对动态多变的机电产品市场的适应能力和竞争能力方面发挥重要作用。

7.2.3 精密加工技术概述

将精密机械、精密测量、精密伺服系统和计算机控制等各领域、各种先进技术成果集成起来加以应用,才能实现和发展精密与超精密加工,概括起来主要有以下 5 个方面。

1. 精密的机床设备和刀具

精密加工机床是实现精密加工的首要条件,其主要研究方向是提高机床主轴的回转精度、工作台的直线运动精度以及刀具的微量进给精度。

(1) 精密机床主轴要求具有很高的回转精度,要求转动平稳、无振动,其关键在于主轴轴承。目前采用超精密级的滚动轴承、液体静压轴承和空气静压轴承,其中后者的静、动态性能更加优异。

(2) 工作台的直线运动精度是由导轨决定的。精密机床使用的导轨有滚动导轨、液体静压导轨、气浮导轨、空气静压导轨。

(3) 为了提高刀具的进给精度,必须使用微量进给装置。其中,弹性变形式和电致伸缩式微量进给机构比较适用,尤其是电致伸缩微量进给装置,可以进行自动化控制,有较好的动态特性,在精密机床进给系统中得到广泛的应用。

正确使用金刚石刀具切削是精密切削加工的关键手段。

(1) 早期精密加工是采用天然金刚石来作刀具的,所以一般场合下精密加工被称作金刚石加工,但天然金刚石是晶体单晶面,故要选择晶面,这对刀具的使用性能,尤其是强度寿命方面有重要的影响。

(2) 金刚石刀具刃口的锋利性,即刀具刃口的圆弧半径,直接影响到切削加工的最小切削深度,影响到微量切除能力和加工质量。先进国家刃磨金刚石刀具的刃口半径可以小到数纳米的水平。而当刃口半径小于 $0.01\mu m$ 时,就必须解决测量上的难题。我国目前刃磨的金刚石刀具的刃口半径只能达到 $0.1\sim0.3\mu m$。

2. 精密加工的机理与工艺方法

精密切削加工必须能够均匀地切除极薄的金属层,微量切除是精密加工的重要特征之一。微量切削过程中许多机理方面的问题都有其特殊性,如积屑瘤的形成、鳞刺的产生、切削参数及加工条件对切削过程的影响以及它们对加工精度和表面质量的影响,都与常规切削有很大的不同。

3. 精密测量及误差补偿技术

通常,加工设备的精度必须高于零件精度,有时要求高于零件精度一个数量级,即精加工机床的高精度指标取决于加工零件的高精度。但加工精度高于一定程度后,若仍然采用提高机床的制造精度,保证加工环境的稳定性等误差预防措施来提高加工精度,这将会使所花费的成本大幅度增加。这时应采取另一种所谓的误差补偿措施,即通过消除或抵消误差本身的影响,达到提高加工精度的目的。

精密加工要求测量精度比加工精度高一个数量级,这就决定了精密加工技术离不开精密测量技术。

目前,精密加工中所使用的测量仪器多以非接触式的干涉法和高灵敏度电动测微等技术为基础,如激光干涉仪、多次光波干涉显微镜及重复反射干涉仪等。

国外广泛发展非接触式测量方法并研究原子级精度的测量技术。Johaness 公司生产的多次光波干涉显微镜的分辨率为 0.5nm,近年来出现的隧道扫描显微镜的分辨率为 0.01nm,是目前世界上精度最高的测量仪之一。最新研究证实,在扫描隧道显微镜下可移动原子,实现精密工程的最终目标——原子级精密加工。

4. 精密加工中的工件材料

金刚石刀具虽然是世界上最硬的材料,但它是单晶体,车削加工时极易造成刀具解理和破损,故要求被加工材料均匀性强。金刚石刀具是当前加工软金属材料最主要的精密加工刀具。金刚石刀具加工碳钢材料工件时容易发生碳化磨损,所以除金刚石刀具材料外,目前还研发了立方氮化硼、复方氮化硅和复合陶瓷等新型超硬刀具材料,它们主要用于黑色金属的精密加工。

精密切削加工中,在切削过程稳定、无冲击振动等条件正常时,金刚石刀具的耐用度可达数百公里。这是因为金刚石刀具的机械磨损量非常微小,刀具后刀面的磨损区及前刀面的磨损凹槽表面非常平滑,使用这种磨损的刀具进行加工不会显著地影响加工表面质量;并且这种一般正常机械磨损主要产生在用金刚石刀具加工铝、铜、尼龙等软物质材料的时候。

5. 稳定的环境条件

精密加工必须在稳定的加工环境下进行,主要是对恒温、防振和空气净化 3 个方面的条件要求极高。

(1) 恒温。精密加工必须在严格的多层恒温条件下进行,即不仅工作间应保持恒温,还必须对机床本身采取特殊的恒温措施,使加工区的温度变化极小,减少热胀冷缩给工件精度带来的影响。

(2) 防振。为了提高精密加工系统的动态稳定性,除在机床结构设计和制造上采取各种减振措施外,还必须用隔振系统来消除外界振动的影响。

(3) 空气净化。由于精密加工的加工精度和表面粗糙度要求极高,空气中的尘埃将直接影响加工零件的精度和表面粗糙度,因此必须对加工环境的空气进行净化,对大于某一尺寸的尘埃进行过滤。国外已研制成功对粒度直径 $0.1\mu m$ 的尘埃有 99% 净化效率的高效过滤器。

7.2.4 电火花线切割加工

电火花线切割加工是在电火花加工基础上于 20 世纪 50 年代末在苏联发展起来的一种新工艺,它已获得广泛的应用。目前,国内外的线切割机床都采用数字控制,数控线切割机床已占电加工机床的 60% 以上。

1. 电火花线切割加工的基本原理

电火花线切割的加工原理如图 7-19 所示。电火花线切割加工时,在电极丝和工件之间进行脉冲放电。电极丝接脉冲电源的负极,工件接脉冲电源的正极。当脉冲电源产生放出一个电脉冲时,在电极丝和工件之间就产生一次火花放电,在放电通道的中心温度瞬时可高达 10000℃ 以上,高温使工件金属熔化,甚至有少量汽化,高温也使电极丝和工件之间的工作液部分产生汽化,这些汽化后的工作液和金属蒸汽瞬间迅速热膨胀,并具有爆炸的特性。这种热膨胀和局部微爆炸,抛出熔化和汽化了的金属材料而实现对工件材料进行电蚀切割加工。通常电极丝与工件之间的放电间隙调整在 0.01mm 左右,若电脉冲的电压高,放电间隙会大一些。线切割编程时,一般取为 0.01mm。

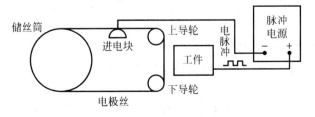

图 7-19　电火花线切割加工原理

2. 电火花线切割加工的特点

（1）不需要制造成形电极,用简单的电极丝即可对工件进行加工。可切割各种高硬度、高强度、高韧性和高脆性的导电材料,如淬火钢、硬质合金等。

（2）由于电极丝比较细,可以加工微细异形孔、窄缝和复杂形状的工件。

（3）能加工各种冲模、凸轮、样板等外形复杂的精密零件,尺寸精度可达 0.01～0.02mm,表面粗糙度 Ra 值可达 $1.6\mu m$。

（4）由于切缝很窄,切割时只对工件进行"套料"加工,故余料还可以利用。

（5）可加工三维直纹曲面的零件,如图 7-20 和图 7-21 所示。

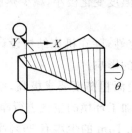　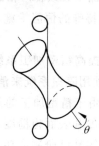

图 7-20　加工扭转锥台　　　　　图 7-21　加工双曲面

3. 数控电火花线切割机床的组成

线切割机床按电极丝运动的线速度,可分高速走丝和低速走丝两种。电极丝运动速度在 $7～10m/s$ 范围内的为高速走丝,低于 $0.2m/s$ 的为低速走丝。

DK7725 高速走丝线切割机床由机床本体、脉冲电源、微机控制装置、工作液循环系统等部分组成,如图 7-22 所示。

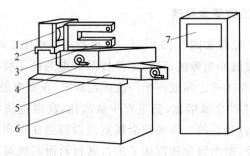

图 7-22　DK7725 高速走丝线切割机床结构简图

1—储丝筒;2—走丝溜板;3—丝架;4—上工作台;5—下工作台;6—床身;7—脉冲电源及微机控制柜

（1）机床本体:由床身、走(运)丝机构、工作台和丝架等组成。

（2）脉冲电源:又称高频电源,其作用是把普通的 50Hz 交流电转换成高频率的单向脉冲电压,加工中供给火花放电的能量。

（3）微机控制装置:主要功用是轨迹控制,其控制精度为 $\pm0.001mm$,机床切割加工精度为 $\pm0.01mm$。

（4）工作液循环系统:由工作液泵、工作液箱和循环导管组成。工作液起绝缘、排屑、冷却的作用。每次脉冲放电后,工件与电极丝(钼丝)之间必须迅速恢复绝缘状态,否则脉冲放电就会转变为稳定持续的电弧放电,影响加工质量。在加工过程中,工作液可把加工过程中产生的金属微颗粒迅速从电极之间冲走,使加工顺利进行,工作液还可冷却受热的电极丝和工件,防止烧丝和工件变形。

4. 电火花线切割机床的操作与编程

1) BKDC 控制软件

BKDC 控制软件是在 DOS 操作系统下工作的,控制画面采用菜单式结构,进入控制状态后,各种信息在屏幕上的位置如图 7-23 所示。屏幕最底一行显示 8 项主菜单,按 F1～F8 就可进入相应的下一级菜单。通过操作键盘可完成零件文件的输入、编辑、参数设置、零件加工等工作。

(1) 显示图形、数据文件及其他有关信息		(2) 显示坐标和其他有关信息		
		(3) 显示当前几何参数和电参数		
(4) 显示系统提示信息,指导用户操作		(5) 显示操作结果,告诉用户操作成功或出错		
(6) 显示最近操作的文件名	(7) 显示版本信息及菜单目前所处位置		(8) 显示当前时间	
F1 文件	F2 编辑	F3 测试	F4 设置	F5 人工	F6 语言	F7 运行	F8 编程

图 7-23　各种信息在屏幕上的位置

BKDC 系统对 ISO 文件、3B 文件均可操作。在本系统中,ISO 文件可以在 RUN 菜单下切割加工;对于文本方式的 3B 文件,可以在 File 菜单下执行 3B-ISO 转换命令,系统自动生成 ISO 文件。

2) 自动编程方法

DK7725 线切割机床配置 CAXA 线切割软件,CAXA 线切割是北京北航海尔软件公司开发的具有自主知识产权的线切割编程系统,它是面向线切割行业的计算机辅助编程软件。从工作过程上分析,整个 CAXA 线切割的编程过程可分为:作图、生成加工轨迹和生成 G 代码。

(1) 作图

① 用鼠标选取屏幕右侧的"绘图"图标,在右侧菜单区出现基本绘图命令,如直线、圆、圆弧和样条曲线等命令项;

② 选取命令菜单画出所需加工的图形。

(2) 生成加工轨迹

① 用鼠标选取屏幕右侧的"轨迹"图标,在右侧菜单区出现轨迹生成、轨迹跳步等命令项;

② 选取命令菜单"轨迹生成",系统弹出一名为"线切割轨迹生成参数表"的对话框;

③ 按实际需要填写相应参数,并单击"确定"按钮;

④ 系统提示"拾取加工轮廓",用鼠标拾取相应加工轮廓;

⑤ 被拾取线变为红色虚线,并沿轮廓方向出现一对反向的绿色箭头,系统提示"选择链搜索方向",选择相应方向的箭头;

⑥ 全部线条边为红色,且在轮廓的法向方向上又出现一对反向的绿色箭头,系统提示"选择切割的侧边",选择相应的箭头;

⑦ 系统提示"确定穿丝点的位置",用键盘输入穿丝点坐标,按回车键;

⑧ 系统提示"确定丝最后切到的位置",单击鼠标右键表示该位置与穿丝点重合;

⑨ 再单击鼠标右键,系统自动计算出加工轨迹,即屏幕上显示出的绿色线。

（3）生成 G 代码

① 用鼠标选取屏幕右侧的"生成 G 代码"菜单;

② 系统提示"拾取加工轨迹",假设机床设置和后置设置按系统默认的设置,用鼠标单击绿色的加工轨迹,右键确定;

③ 屏幕上弹出"代码显示"窗口,其中的内容为新生成的 G 代码,关闭此窗口;

④ 系统弹出对话框要求用户输入文件名,按要求将文件存储到控制机的 BKDC 根目录下,并给新文件命名,确定;

⑤ 代码生成结束。

3）切割工件

（1）用手动对刀,使工具电极丝接近工件,但不要接触。

（2）调出程序文件后,先选择画面(即空运行),检查程序是否正确(模拟)。

（3）调整电极的垂直度、脉冲电源参数、进给速度等。

（4）程序正确后,按 F6 或 F7(反向切割或正向切割),机床进入正常切割状态。

7.2.5　激光加工

激光加工与电子束加工、离子束加工等共称为高能束加工,都是利用被聚焦到加工部位上的高能量、高密度射束去除工件上多余材料的加工方法。其中激光技术更是 20 世纪与原子能、半导体及计算机齐名的四项重大发明之一。

国内 20 世纪 70 年代初已开始进行激光加工的应用研究,主要在激光制孔、热处理、焊接等方面得到了一定的应用,但加工质量不稳定。目前已研制出可在光纤中传输激光的固体激光加工系统,并实现光纤耦合三光束的同步焊接和石英表芯的激光焊接;研制开发了激光烧结快速成形技术等。

1. 激光加工的基本原理

激光也是一种光,具有光的一般性质(反射、折射、绕射及干涉),相对于普通光,激光还有高强亮(比白炽灯高 2×10^{20} 倍)、单色性好、相干性好和方向性好的四大特性。根据这些特性将激光高度集中起来,聚焦成一个极小的光斑(面积 $<1/100\,mm^2$,从而获得极高的功率密度 $100\,000\,kW/cm^2$),这就能提供足够的热量来熔化或汽化任何一种已知的高强度工程材料,故可进行非接触加工,适合各种材料的微细加工。

激光加工实际就是利用光的能量经过透镜聚焦在焦点上达到很高的能量密度,靠光热效应来加工各种材料的。

2. 激光加工的特点

（1）加工方法多,适应性强。在同一台设备上可完成切割、打孔、焊接、表面处理等多种加工；既可以分步加工也可几工位同时加工；既可在大气中也可在真空中加工；可加工以往认为难加工的任何材料；能通过透明体进行加工，如对真空管内部进行焊接等。

（2）加工精度高、质量好。光点小，功率密度高，能量高度集中，作用时间短；非接触式加工，热影响区小，且无机械变形，对精密小零件加工非常有利。

（3）加工效率高，经济效益好。加工速度极高，如打个孔只需 0.001s。

（4）节约能源与材料，无公害与污染（不像电子束有射线），不受电磁干扰。与离子束、电子束加工相比，不需要抽真空，也不需要对 X 射线等进行防护，因此装置也简单。

（5）无刀具磨损及切削力影响的问题。不需要工具，所以不存在工具损耗和更换等问题。

（6）激光束易于聚焦、导向，便于自动化控制，工作性能良好。因为输出功率可调整，所以可用于精密微细加工，加工精度可达 0.001mm，表面粗糙度可达 $Ra0.4\sim0.1\mu m$。

3. 激光加工系统的组成

激光加工机床（如激光打孔机、激光切割机等）除具有一般机床所需有的支撑构件、运动部件以及相应的运动控制装置外，主要应配备激光加工系统。激光加工系统一般由激光器、导光聚焦系统和电气系统三部分组成。

1）激光器

所谓激光器就是将电能转变成光能，产生激光束的设备。按工作物质形态分为固体、气体、半导体和液体激光器，它们均由激光光源、光泵、聚光器和谐振腔组成。

图 7-24 是钇铝石榴石（YAG）固体激光发生器示意图。当施加电能后，激光的工作物质钇铝石榴石等受到光泵的激发，吸收具有特定波长的光，在一定条件下可导致工作物质中的亚稳态粒子数大于低能级粒子数，这种现象称为粒子数反转。此时一旦有少量激发粒子产生受激辐射跃迁，产生雪崩式的受激辐射现象，形成大量的波长一致、位相一致的光子（类似于核裂变）。这就是激光造成光放大，再通过谐振腔内的全反射镜和部分反射镜的反馈作用产生振荡，此时由谐振腔的一端输出激光，再通过透镜聚焦形成高能光束，照射在工件表面上，即可进行加工。

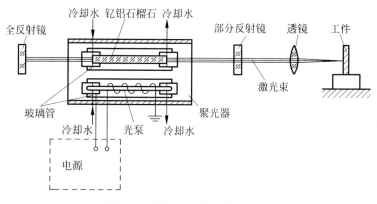

图 7-24　固体激光发生器示意图

目前应用于工业加工的固体激光器有红宝石、钕玻璃和钇铝石榴石，气体激光器有二氧化碳、氩气等。其中 CO_2 气体激光器和 YAG 固体激光器应用更为广泛。

2) 导光聚焦系统

光束经放大、整形、聚焦后作用于加工部位,这种从激光器输出窗口到被加工工件之间的装置被称为导光聚焦系统。其作用是把激光束通过光学系统精确地聚焦至工件上,具有放大、调节焦点位置和观察显示的功能。

导光聚焦系统的主要组成是:激光光束的质量监测仪、光闸系统、可见光同轴瞄准系统、扩束系统、光传输转向系统、聚焦系统和工件加工质量监控系统。

图 7-25 所示为应用于 CO_2 激光切割机的透射式聚焦系统。

CO_2 激光器输出的是红外线,故要用锗单晶、砷化镓等红外材料制造的光学透镜才能通过,为减少表面反射需镀增速膜。

图 7-25 中在光束出口处装有喷吹氧气、压缩空气或惰性气体 N_2 的喷嘴,用以提高切割速度和切口的平整光洁。工作台用抽真空方法使薄板工件紧贴在台面上。

3) 电气系统

电气系统包括激光器电源和控制系统两部分,其作用是供给激光器能量(固体激光器的光泵或 CO_2 激光器的高压直流电源)和设定输出方式(如连续或脉冲、重复频率等)进行控制。此外,工件或激光束的移动大多采用 CNC 控制。

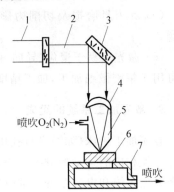

图 7-25 透射式聚焦系统

1—CO_2 激光器;2—激光束;

3—镀金全反射镜;4—砷化钾(GsAs)透镜;

5—喷嘴;6—工件;7—工作台

为了实现聚焦点位置的自动调整,尤其当激光切割的工件表面不平整时,需采用焦点自动跟踪控制系统,通常用电感式或电容式传感器来实时检测,通过反馈来控制聚焦点的位置,其控制精度的要求一般为 $\pm0.05\sim0.005$mm。

4. 激光加工的应用

国外激光加工设备和工艺发展迅速,现已拥有 100kW 的大功率 CO_2 激光器、1800W 级高光束质量的 Nd:YAG 固体激光器,可在光导纤维中传输进行多工位、远距离工作。激光加工设备功率大、自动化程度高,已普遍采用 CNC 控制、多坐标联动,并装有激光功率监控、自动聚焦、工业电视显示等辅助系统。如:美国雷声公司研制的五坐标数控系统,可以切割、打孔和焊接,定位精度为 0.0125mm,重复精度为 $2.5\mu m$;美国阿波罗公司生产的 CO_2 激光加工机,集打孔、焊接、切割、划线、微调、动平衡为一体。

目前激光在许多方面和领域得到广泛应用,可基本分为激光打孔、激光焊接、激光切割、激光表面热处理、激光刻字(打标)、激光快速成形等。

1) 激光打孔

激光打孔主要用于特殊材料或特殊工件上孔的加工,如仪表中的宝石轴承、陶瓷、玻璃、金刚石拉丝模等非金属材料和金刚石模具、硬质合金、不锈钢等金属材料的细微孔的加工。

激光打孔的效率非常高,功率密度通常为 $10^7\sim10^8$ W/cm^2,打孔时间甚至可缩短至传统切削加工的百分之一以下。

激光打孔的尺寸公差等级可达 IT7,表面粗糙度 Ra 值可达 $0.16\sim0.08\mu m$,打 $10\mu m$ 直径孔,精度可达 $1\mu m$。

2) 激光焊接

激光束焊接是以聚集的激光束作为能源的特种熔化焊接方法。将聚焦后的激光束(能量密度可达 $10^5 \sim 10^7 W/cm^2$)的焦点调节到焊件结合处,光迅速转换成热能,使金属瞬间熔化,冷却凝固后即成为焊缝。

自动化焊接生产线普遍使用 CO_2 气体激光器等实现数控自动焊接。

3) 激光切割

激光切割是激光加工中应用最广泛的一种方法,其主要优点是切割速度快、质量高、省材料、热影响区小、变形小、无刀具磨损、没有接触能量损耗、噪声小、易实现自动化,可以切割各种材料(金属、木材、纸、布料、皮革、陶瓷、塑料等),而且还可穿透玻璃切割真空管内的灯丝。由于以上诸多优点,激光切割深受各制造领域欢迎。其不足之处是一次性投资较大,且切割深度受限。

4) 激光表面热处理

当激光器对工件表面进行扫描,在极短的时间内使被加工材料加热到相变温度(由扫描速度决定时间长短),工件表层由于热量迅速向内传导快速冷却,实现了工件表层材料的相变硬化(即激光淬火)。

与其他表面热处理比较,激光热处理工艺简单,生产率高,工艺过程易实现自动化。一般无须冷却介质,对环境无污染,对工件表面加热快、冷却快,硬度比常温淬火高 $15\% \sim 20\%$;耗能少,工件变形小,适合精密局部表面硬化及内孔或形状复杂零件表面的局部硬化处理。但激光表面热处理设备费用高,工件表面硬化深度受限,因而不适合大负荷的重型零件的热处理。

5) 激光刻字(打标)

激光可以在任何材料上刻字、打标,并且可以在不损伤表面层的情况下隔层刻字(医学开刀、碎石同理);不需模具,只要编制好程序、设定好参数即可刻字;质量好而且快,对小批量、新品开发和生产发挥着极大优势。

6) 激光快速成形

(1) 快速成形技术的工作原理

快速成形技术也叫增材制造技术,其原理为:依靠 CAD 软件,在计算机中建立三维实体模型,并将其切分成一系列平面几何信息,以此控制激光束(或工作头)的扫描方向和速度,通过固化、烧结、黏结、熔结、聚合作用或化学等方式,有选择地固化(或黏结)液体材料,实现材料的迁移和堆积,逐层有选择地加工原材料,从而快速堆积制作出产品实体模型,形成所需要的原型零件。

它不同于常规制造的去除法(切削加工、电火花加工等)和成形法(铸造、锻造等),而是利用光、电、热等手段,集计算机技术、激光加工技术、新型材料技术于一体的高新加工技术。

目前较常采用选择性液体固化、选择性层片黏结、选择性粉末熔结(黏结)等快速成形技术。

(2) 快速成形技术的发展

快速成形技术概念的提出可追溯到 1979 年,日本东京大学生产技术研究所的中川威雄教授发明了叠层模型造型法。1980 年小玉秀男又提出了光造型法,该设想提出后,由丸谷洋二于 1984 年继续研究,并于 1987 年进行产品试制。1988 年,美国 3D System 公司率先推出快速成形实用装置——立体光固化成形系统(Stereo Lightgraphy Apparatus,SLA),并以年销售为 30%～40%增长率的增幅在世界市场出售。近年来,随着扫描振镜性能的提高以及材料科学和计算机技术的发展,快速成形技术已日趋成熟,并于 1994 年正式进入推广普及阶段。

(3) 快速成形技术的优点

快速成形技术突破了"毛坯→切削加工→成品"的传统的零件加工模式,开创了不用刀具制作零件的先河,是一种前所未有的薄层叠加的加工方法。与传统的切削加工方法相比,快速成形加工具有以下优点:

① 可迅速制造出自由曲面和更为复杂形态的零件,如零件中的凹槽、凸肩和空心部分等,大大降低了新产品的开发成本和开发周期。

② 不需要机床切削加工所必需的刀具和夹具,无刀具磨损和切削力对加工的影响等。

③ 无振动、噪声和切削废料。

④ 可实现夜间全自动化生产。

⑤ 加工效率高,能快速制作出产品实体模型及模具。

(4) 快速成形技术的用途

① 直接制造出制作样件来完成产品设计评估与功能测验;

② 快速模具制造;

③ 医学上的仿生制造;

④ 艺术品的制造(主要是单件或极少批量的零件);

⑤ 直接制造金属型(主要是单件或极少批量的零件)。

7) 激光技术的其他应用

近年来,各行业中对激光合金化、激光抛光、激光冲击硬化法、激光清洗模具技术也在不断深入研究及应用中。

7.2.6　复合加工

特种加工可以解决传统加工难以加工的难题,在加工范围、加工质量、生产效率等方面,显示出了许多优越和独到之处。但是,随着科学技术的发展,各种新材料的不断应用,以及国防、航空、尖端工业生产的需求向其提出了更高更新的要求,有许多问题不能用一种手段来解决,必须"以柔克刚"和"以刚对柔"有机结合,才能满足加工的可能性、方便性、经济性等综合要素。这就是复合加工产生和发展的背景和前提。

以加工时主要的作用形式和能量来源对常用或用之较广的复合加工方法进行分类,见表 7-7。

表 7-7　复合加工方法分类

加 工 方 法	主要能量来源及形式	作 用 形 式	符　　号
复合切削加工	机械、声、磁、热能	切削	
复合电解加工	化学能、机械能	切蚀	
超声复合加工	声、电、热能	熔化、切蚀	

续表

加工方法	主要能量来源及形式	作用形式	符　号
电解电火花磨削	电、热、机械能	离子转移、熔化、切削	MEEC
电化学腐蚀加工	电化学、热能	熔化、汽化腐蚀	MCE
电化学电弧加工	电化学能	熔化、汽化腐蚀	MCAM

1. 复合切削加工

复合切削加工是以传统的切削或磨削为主的复合加工,它的主要特点是投入少且容易实施。目前,超声振动切削、磁化切削、高(低)温切削和磨削相结合等工艺方法应用较多,在改善工件表面质量、提高加工效率、扩大加工范围等方面,已取得独特而明显的经济效益。

1) 超声振动加工

在工件和工具间加入磨料悬浮液,由超声波发生器产生超声振荡波,经换能器转换成超声机械振动,使悬浮液中的磨粒不断地撞击加工表面,把硬而脆的被加工材料局部破坏而撞击下来。在工件表面瞬间正负交替的正压冲击波和负压空化作用下强化了加工过程。因此,超声波加工实质上是在超声波作用下磨料的机械冲击与空化作用的综合结果。

在传统超声波加工的基础上发展了旋转超声波加工,即工具在不断振动的同时还以一定的速度旋转,这将迫使工具中的磨粒不断地冲击和划擦工件表面,把工件材料粉碎成很小的微粒去除,以提高加工效率。变幅杆将振幅放大到预定值,推动谐振刀杆进行振动切削。超声波振动切削原理图见图 7-26。

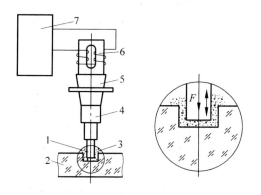

图 7-26　超声波加工原理图

1—工具;2—工件;3—磨料悬浮液;4、5—变幅杆;6—换能器;7—超声波发生器

超声振动具有如下加工特点。

(1) 切削力小、切削功率消耗低。切削力仅为传统切削方法的 1/20～1/3;钻削扭矩为传统扭矩的 1/4 左右;攻螺纹扭矩为传统扭矩的 1/8～1/3。

(2) 工件加工精度高、表面粗糙度值低,加工工件不会发生烧伤、变形、残余应力等缺陷。用普通车床超声振动车削铝、黄铜、不锈钢,其工件圆度允差均可在 $1.5\mu m$ 之内;超声振动镗削材料为铜及其铜合金、硬铝、碳素钢,其被加工孔的圆度允差可达 $2\mu m$,圆柱度为 $1.5\mu m/280mm$。国外的实验研究表明,超声振动切削完全可以实现平面度、平行度、圆度允差近似为零的精密加工。

超声振动切削在一定的切削速度范围内,用各种加工方法加工工件的表面粗糙度值均低于相应的传统加工,而且可用刀具切削达到磨削或研磨的表面粗糙度。例如,超声振动车削 45 钢,工件表面粗糙度可从传统车削的 $Ra6.3\mu m$ 降低到 $Ra0.3\mu m$;用硬质合金刀具镗削铸铁件,用金刚石刀具超声振动车削淬硬钢工件的表面粗糙度均可达到 $Ra0.05\mu m$。

(3) 加工时刀具和工件接触轻,刀具寿命高。超声振动车、钻都可延长刀具寿命几十倍,如此大的效应是因为超声振动车削刀具的磨损主要发生在后刀面,选择合适的切削参数,可使后刀面的磨损减轻到普通车削的 1/3。

(4) 加工范围广

① 可加工淬火硬钢、不锈钢、钛合金等传统加工难以加工的金属和非金属。

② 适合深小孔、薄壁件、细长杆、低刚度以及形状复杂要求精度较高的型腔及型面零件。

③ 适合高精度、低表面粗糙度的精密零件的精加工。

(5) 生产效率高。超声振动钻削铝材,用 2000r/min 时,可比传统连续钻削提高 10 倍以上;超声振动车削铝、钨钒钢、碳素钢、镁合金硅酸盐,可分别比传统车削提高 3 倍、2 倍、4 倍、3 倍;而镗削铝、碳素钢可比传统镗削提高 1.5 倍。除此之外,由于超声振动切削工件表面无毛刺、表面粗糙度低,一般可省去或减轻后续修毛刺等光整加工工序的工作量,进一步提高了生产率。

(6) 超声加工机床的结构简单,易于维护。

超声振动加工方法经过了几十年的发展,作为一种精密加工和难切削材料的加工新技术已较为成熟,并且与各种传统切削工艺相结合形成的各种复合加工得到了广泛的应用。

目前应用较多的主要有:超声振动车削、超声振动磨削、超声振动加工深孔、超声振动加工小孔和攻螺纹、铰孔。

2) 高(低)温切削加工

(1) 高温切削加工

通过适当方法,对加工材料加热,使加工区、工件表层或整体达到合适的温度后再进行切削加工的方法,称为高温切削。其目的是使被加工材料的硬度、强度下降,而易于产生塑性变形,因而可减少切削力和振动,提高金属切除率,延长刀具寿命,降低被加工工件的表面粗糙度。加热切削一般能降低切削力 5%～20%,降低表面粗糙度值 $Ra3.5～0.5\mu m$。

目前,加热切削的主要方式有毛坯预加工前的整体加热和用于粗加工的等离子弧加热,以及用于半精、精加工的导电加热和激光加热。

注意电加热时避免电流突变而产生的电火花或电弧烧伤工件表面。

(2) 低温切削加工

低温切削加工的优点如下:

① 减少切削力。对于具有低温脆性的金属材料,切削力可降低 20%～25%。

② 降低切削温度、提高刀具寿命。刀具与工件的接触区温度低,对刀具磨损过程中的热化学过程大大削弱,材料分子的吸附、粘接和扩散作用降低,因而提高了刀具的使用寿命,使之有可能选用较高的切削用量,从而提高切削效率。一般如果将刀尖温度冷却到 −30～−25℃时,可降低切削温度 150℃左右,提高刀具寿命 3 倍左右。

③ 降低工件表面粗糙度、提高加工精度。低温切削材料(主要是指碳素钢)时,一般当

其工件温度为 $-20℃$ 时,基本上不产生积屑瘤,而且改变了切削区的摩擦状态,从而大大降低工件表面粗糙度,改善被加工表面变质层的情况,容易达到所要求的加工精度。一般低温切削碳素钢可降低工件表面粗糙度 1~2 级;表面残余应力仅为传统切削的 1/2,甚至更少。

低温切削加工有如下应用:

① 切削具有低温脆性的体心立方晶格材料,如钢铁等。

② 对切削热固性塑料、合成树脂、石墨制品、橡胶和玻璃纤维制品等材料均有显著优越性。导热率极低的非金属材料及复合材料在切削时,切削热产生后不易传递而聚集,造成加工困难,甚至无法加工。

③ 一些难加工的不锈钢、钛合金、高强度钢、耐热合金等材料,使用低温加工具有独特的优点,现广泛使用。

④ 利用电子冷冻卡盘夹持工件进行切削与磨削,有利于消除加工变形,可进行精密加工和薄壁、易变形件的加工。

2. 电解机械复合加工

电解机械复合加工是利用电解作用与机械切削或磨削作用相结合而进行的复合加工技术。它比电解加工具有较好的加工精度和表面粗糙度,比机械切削(磨削)有较高的生产率。

常用的电解机械复合加工主要有电解磨削、电解珩磨、电解研磨光整加工等。因篇幅所限,这里只介绍电解磨削。

1)电解磨削的基本原理

电解磨削(又称导电磨削)是利用电解作用与机械磨削作用相结合而进行的复合加工。

复合电解磨削所用的阴极工具是含有磨粒的导电砂轮。电解磨削过程中,金属主要是靠电化学作用腐蚀下来,导电砂轮起到磨去电解产物阳极钝化膜和整平工件表面的作用,见图 7-27 所示的电解磨削原理图。导电砂轮 1 与直流电源的阴极相连,被加工工件 2(硬质合金车刀)接阳极,它在一定的压力下与导电砂轮相接触,加工区域中送入电解液 3,在电解和机械磨削的双重作用下,车刀的后刀面很快被磨光。

图 7-28 所示是电解磨削加工过程原理图,电流从工件 3 通过电解液 5 而流向磨轮,形成通路,于是工件(阳极)表面的金属在电流和电解液的作用下发生电解作用(电化学腐蚀),

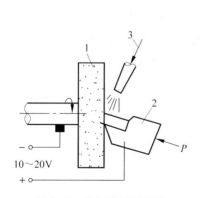

图 7-27 电解磨削原理图
1—导电砂轮;2—加工工件;3—电解液

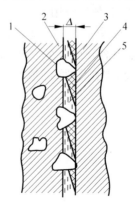

图 7-28 电解磨削加工过程原理图
1—磨料砂轮;2—导电砂轮结合剂铜或石墨;3—工件;
4—电解产物(阳极钝化薄膜);5—电解液

被氧化成为一层极薄的氧化物或氢氧化物薄膜(阳极钝化薄膜4)(硬度比工件低得多,容易被高速旋转的砂轮磨粒刮除)。但阳极薄膜迅速被导电砂轮中的磨粒刮除,在阳极工件上又露出新的金属表面并被继续电解。这样电解作用和刮除薄膜的磨削作用交替运行,工件被连续加工,直至达到一定的尺寸精度和表面粗糙度。

电解磨削实际上是靠阳极金属的电化学溶解(占95%~98%)和机械磨削作用(占2%~5%)相结合进行的复合加工。

2) 复合电解磨削的特点

(1) 加工范围广、加工效率高。由于电解作用和工件材料的机械性能关系不大,因此,只要选择合适的电解液就可以用来加工任何高硬度、高韧性的金属材料。加工硬质合金时,与普通的金刚石砂轮磨削相比,电解磨削的加工效率要高3~5倍。

(2) 工件的加工精度和表面质量高。由于砂轮只起刮除阳极薄膜的作用,磨削力和磨削热都很小,不会产生磨削裂纹和烧伤现象,因而能提高加工工件的表面质量和加工精度,一般表面粗糙度可达 $Ra0.16\mu m$。

(3) 砂轮的磨损量小。普通刃磨时,碳化硅砂轮磨削硬质合金其磨损量为硬质合金质量的4~6倍,电解磨削时仅为硬质合金切除量的50%~100%;与普通金刚石砂轮磨削相比,电解磨削砂轮的损耗速度仅为它们的1/10~1/5,可显著降低成本。采用电解磨削加工不仅比单纯用金刚石砂轮磨削时的效率提高2~3倍,而且大大节省金刚石砂轮,一个金刚石导电砂轮可用5~6年。

(4) 对机床、工具腐蚀相对较小。由于电解磨削是靠砂轮磨粒来刮除具有一定硬度和黏度的阳极钝化膜,由此电解液中不能含有活化能力很强的活性离子(如 Cl^-),一般使用腐蚀能力较弱的 $NaNO_3$、$NaNO_2$ 等为主的电解液,以提高电解成形精度和有利于机床、工具的防锈、防蚀。

3) 电解磨削的其他工艺特点

(1) 工件表面粗糙度与砂轮磨粒粗细无关;

(2) 切削温度低,不易变形、裂纹;

(3) 切削力很小,可加工刚度差的零件;

(4) 加工精度略低于普通磨削。

4) 复合电解磨削的应用

电解磨削由于集中了电解加工和机械磨削的优点,生产中经常用来磨削一些高硬度材料的零件。如:各种硬质合金刀具、量具,挤压拉丝模,轧辊等以及普通磨削难以加工的小孔、深孔、薄壁筒、细长杆件、高精度金属反射镜面等复杂形面的零件。

第8章

机电一体化技术及其应用

8.1 概　　述

机电一体化(mechatronics)是将机械、电子与信息技术进行有机的结合,以实现工业产品和生产过程整体最优化的一种新技术。机电一体化是当今世界机械工业技术和产品发展的主要趋势,也是我国机械工业发展的必由之路。机电一体化是以机械技术和电子技术为主体,多门技术学科相互渗透、相互结合的产物,是正在发展和逐渐完善的一门新兴的边沿科学。

在新技术革命的冲击下,传统的机械工业发生了质的飞跃,微电子技术、计算机技术使信息和智能与机械装置和动力设备有机结合,一方面极大地提高机电产品的性能和竞争力,另一方面又极大地提高生产系统的生产效率和企业的竞争力,促使机械工业开始一场大规模的机电一体化技术革命。近代农林业生产中也广泛应用机电一体化技术,如集约化现代农业生产设施、大型耕作采集设备、农林牧产品的深加工设备、绿色植保防治设备、现代物流、农业机器人等。

1. 机电一体化的相关技术

1) 机械技术

它是机电一体化的基础。它不再是单一地完成系统间的连接,而侧重于减少重量、缩小体积、提高精度、提高刚性、改善性能的要求。经典的机械理论与工艺借助于计算机辅助技术,同时采用人工智能与专家系统等,形成新一代的机械制造技术。

2) 计算机与信息处理技术

计算机技术包括计算机的软件技术和硬件技术,网络与通信技术,数据库技术等。

信息处理技术包括信息的交换、存取、运算、判断和决策,实现信息处理的工具是计算机。计算机与信息处理部分指挥整个系统运行,是促进机电一体化技术发展和变革最活跃的因素。

3) 系统技术

系统技术以整体的概念组织应用各种相关技术,从全局角度和目标出发,将总体分解成相互有机联系的若干功能单元,以功能单元为子系统进行二次分解,生成功能更为单一和具体的子功能单元。这些功能单元同样可继续逐层分解,直到能找出一个可实现的技术方案。

接口技术是系统技术中的一个重要方面,它是实现系统各部分有机连接的保证。

4）自动控制技术

自动控制技术主要包括：基本控制理论；在此理论指导下，对具体控制装置或控制系统的设计；设计后的仿真，现场调试；最后使研制的系统能可靠地投入运行。

5）传感与检测技术

传感与检测装置是系统的感受器官，它与信息系统的输入端相连并将检测到的信号输送到信息处理部分。传感与检测是实现自动控制、自动调节的关键环节，它的功能越强，系统的自动化程度越高。

6）伺服传动技术

伺服传动包括电动、气动、液压等各种类型的传动装置，由微计算机通过接口与这些传动装置相连接，控制它们的运动。伺服技术是直接执行操作的技术，它实现电信号到机械动作的转换，对系统动态性能、控制质量和功能具有决定性的影响。常见的伺服驱动有电液马达、脉冲油缸、步进电机、伺服电机和变频技术控制的伺服驱动设备。

2．机电一体化的基本结构要素

（1）**机械本体**：系统所有功能元素的机械支持结构，包括机身、框架、机械连接等。

（2）**动力部分**：按照系统控制要求，为系统提供能量使系统正常运行。

（3）**测试传感部分**：对系统运行中所需要的本身和外界环境的各种参数及状态进行检测，变成可识别信号，传输到信息处理单元，经过分析、处理后产生相应的控制信息。一般由传感器和仪器仪表完成。

（4）**执行机构**：根据控制信息和指令，完成要求的动作。执行机构是运动部件，一般采用机械、电磁、电液等机构。

（5）**驱动机构**：在控制信息作用下，提供动力、驱动执行机构完成各种动作和功能，多应用高效率、高性能的步进驱动以及直流和交流伺服驱动。

（6）**控制及信息处理单元**：将来自各传感器的检测信息和外部输入命令进行集中、储存、分析、加工，根据信息处理结果，按照一定的程序和节奏发出相应的指令控制整个系统有目的地运行。一般由计算机、可编程序控制器（PLC）、数控装置以及逻辑电路、A/D 与 D/A 转换、I/O（输入输出）接口和计算机外部设备组成。

（7）**接口**：在系统各单元和环节之间进行物质、能量和信息交换的连接界面，其功能为变换、放大和传递。

3．机电一体化的特点

（1）**体积小、重量轻、性价比高**：由于半导体和集成电路技术以及液晶技术得发展，使的控制装置和测量装置的体积和重量大大缩小，产品迅速向轻型化和小型化发展，价格愈来愈便宜。

（2）**速度快、精度高**：大规模集成电路和超大规模集成电路的出现，在电路集成度提高的同时，处理速度和响应速度也迅速提高，使机电一体化装置总的处理速度能够充分满足实际应用的需要。机电一体化技术的广泛应用进一步促进了精密加工技术的进步，使其与高精度加工和精密运动控制相适应。

（3）**可靠性高**：由于激光与电磁技术的发展，传感器与驱动控制器等装置已采用非接触式,避免了原来机械接触式存在的漏油、磨损、断裂等问题,使可靠性得到大幅度提高。

(4)柔性好:随着计算机及其编程语言和应用技术的发展,利用计算机软件可以任意设计动作。只要改变程序就可以实现最佳运动,同样也可以很容易增加新的运动,有很强的可扩展性。

4.机电一体化的发展战略

在新技术革命的带动下,机电一体化技术将在以下领域开拓发展:智能传感;计算机芯片制造技术;具有视觉、触觉和人-机对话能力的人工智能工业机器人;设计、制造、生产和管理的柔性系统等。

【思考与探索】

机电一体化技术涵盖了哪些方面的知识和技术?它的基本特点是什么?你在实习过程中已见识过哪几种机电一体化设备?它们的技术特点是什么?

8.2 机电一体化技术应用简介

8.2.1 模块化生产系统

1.模块化生产系统的组成

工业生产自动化流水生产线被广泛应用在机械加工、装配、食品生产和医药生产中,是机电一体化技术应用最多最成熟的领域。模块生产系统(Modular Production System)是典型的机电一体化组合式教学培训设备,它较全面地展示了常用生产流水线的主要环节,突出了机电一体化技术的应用特点。它由独立的 6 个工作站相互连接而成,可分成 6 个单独模块进行培训。该系统包括了机械、气动、PLC、传感器、步进电动机伺服控制技术、总线控制技术等多种不同技术。

模块生产系统分为上料检测站、搬运站、加工检测站、安装站、安装搬运站和分类站,这6 个站连接成生产线后可完成工件类别的检测、加工、搬运、安装和分类,如图 8-1 所示。

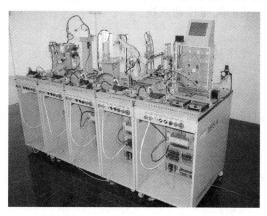

图 8-1 模块生产系统模型

具体工件在生产线上从一站到另一站加工的传递过程为：上料检测站将工件按顺序排好后提升传送，搬运站将工件从上料检测站搬至加工站，加工站加工工件并检测被加工的工件，产生成品或废品信息，通知下站，安装搬运站将成品送至安装工位，安装站再将配工件装入工件中，最后，由安装搬运站再将安装好的工件送至分类站，分类站将工件按类送入相应的料仓并统计工件的数量和总量，如加工站有废品产生，则安装搬运站将废品直接送入废品收料站。

各工作站的工艺流程如图 8-2 所示。

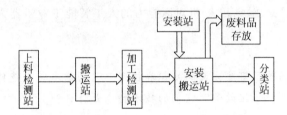

图 8-2　模块化生产工作站工艺流程框图

站间通信：各站连成一模拟生产线后，相互之间要进行通信，把加工过程中所产生的数据如工件颜色、装配信息、废品信息等，送至下站，使系统安全、可靠运行。系统中各站开始工作的运行信号，是由前站给出的。只有第一站（上料检测站）是通过"开始"按钮启动工作的。

2．模块生产系统的相关技术

1）气压传动技术

（1）气压传动工作原理

空气压缩机将原动机的机械能转换为气体的压力能，受压缩后的空气经过冷却器、除油器、干燥器，进入到储气罐，储气罐用于储存压缩空气并稳定压力。压缩空气再经过滤器，由调压阀（减压阀）将气体压力调节到气压传动装置所需的工作压力，并保持稳定，油雾器用于将润滑油喷成雾状，悬浮于压缩空气中，使控制阀及汽缸得到润滑。经过处理的压缩空气，通过气压控制元件的控制进入气压执行元件，推动活塞带动负载工作：各种控制元件按要求组合后构成具有不同功能的气压传动系统。

（2）气压缸和马达

气动执行元件有作直线往复运动的气缸、作连续回转运动的气马达和作不连续回转运动的摆动马达等。

（3）气压控制元件

气压控制元件主要由压力控制阀、节流阀、排气节流阀和电磁控制换向阀组成，完成对气流的分配和控制。

（4）分水滤气器

分水滤气器在气动系统中应用最普遍，其作用是使空气中的灰尘及雾状水分被滤除，分离出来。

（5）速度控制回路

气动系统因使用的功率都不大，所以主要的调速方法是节流调速。

2) 传感器

传感器是机电一体化系统的感知装置。传感器的功能体现着系统的先进性。传感器是机电一体化系统必不可少的关键部分,离开了传感器,系统将无法实现其功能。传感器一般由敏感元件、转换元件、基本转换电路三部分组成。设备中主要使用电感式接近开关、电容式接近传感器、光电式接近传感器和磁性开关 4 类传感器。

3) 步进电机控制

步进电机是一种将电脉冲信号转换成直线或角位移的执行元件。它不同于常用的旋转磁场式电动机,对这种电机施加一个电脉冲后,其转轴就转过一个角度,称为步距角,随着驱动脉冲电机转子作步进式转动。改变脉冲的相序,则改变电机转向。因需脉冲电压驱动,也称脉冲电动机。脉冲发生器产生的电脉冲通过环形分配,按一定的顺序经功率放大加到电动机的各相绕组上。伺服电机驱动框图如图 8-3 所示。

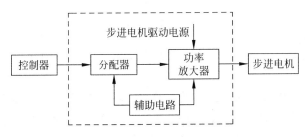

图 8-3　伺服电机驱动框图

4) 触摸式图形显示操作终端

触摸式图形显示操作终端(GOT)是一种多功能的液晶显示控制设备,已被广泛应用在机电一体化设备中。它具有多画面显示、控制、通用通信接口,可方便的与计算机、PLC 直接连接,在对 PLC 软件进行监视的同时显示数据变化;可以显示制作的画面,即图示显示终端预置的内容;可通过 GOT 的操作 ON/OFF 可编程的位元件;将显示屏作为触摸键行使开关功能;具有极好的人机界面功能。

5) 可编程控制器

可编程控制器(Programmable Controller,PC),为与个人计算机的 PC 相区别,用 PLC (Programmable Logical Controller)表示。

PLC 是在传统的顺序控制器的基础上引入了微电子技术、计算机技术、自动控制技术和通信技术而形成的一代新型工业控制装置,目的是用来取代继电器、执行逻辑、计时、计数等顺序控制功能,建立柔性的程控系统。

PLC 具有通用性强、使用方便、适应面广、可靠性高、抗干扰能力强、编程简单等特点。在工业控制领域中,PLC 控制技术已成为主流技术。

PLC 程序既有生产厂家的系统程序,又有用户自己开发的应用程序,系统程序提供运行平台,同时,还为 PLC 程序可靠运行及信息与信息转换进行必要的公共处理。用户程序由用户按控制要求设计。

PLC 的编程语言与一般计算机语言相比,具有明显的特点。它既不同于高级语言,也不同于一般的汇编语言;它既要满足易于编写,又要满足易于调试的要求。目前,还没有一种对各厂家产品都能兼容的编程语言。但不管什么型号的 PLC,其编程语言都具有以下

特点:

　　程序由图形方式表达,指令由不同的图形符号组成,易于理解和记忆。系统的软件开发者已把工业控制中所需的独立运算功能编制成象征性图形,用户根据自己的需要把这些图形进行组合,并填入适当的参数即可。在逻辑运算部分,几乎所有的厂家都采用类似于继电器控制电路的梯形图(见图 8-4),很容易接受。

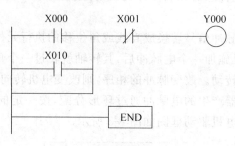

图 8-4　梯形图编程图例

　　PLC 的编程语言是面向用户的,对使用者不要求具备高深的知识、不需要长时间的专门训练。

　　最常用的两种编程语言是梯形图和助记符语言表。采用梯形图编程,直观易懂,但需要一台个人计算机及相应的编程软件;采用助记符形式便于实验,因为它只需要一台简易编程器,而不必用昂贵的图形编程器或计算机来编程。

　　一些高档的 PLC 还具有与计算机兼容的 C 语言、BASIC 语言、专用的高级语言(如西门子公司的 GRAPH5、三菱公司的 MELSAP),另外还有布尔逻辑语言、与通用计算机兼容的汇编语言等,各厂家的编程语言都只能适用于本厂的产品。

　　梯形图是通过连线把 PLC 指令的梯形图符号连接在一起的连通图,用以表达所使用的 PLC 指令及其前后顺序,它与电气原理图很相似。它的连线有两种:一为母线,另一为内部横竖线。内部横竖线把一个个梯形图符号指令连成一个指令组,这个指令组一般总是从装载(LD)指令开始,必要时再继以若干个输入指令(含 LD 指令),以建立逻辑条件;最后为输出类指令,实现输出控制,或为数据控制、流程控制、通信处理、监控工作等指令,以进行相应的工作。母线是用来连接指令组的。

　　指令组有两组,第一组用以实现启动、停止控制;第二组仅一个 END 指令,以结束程序。

　　助记符指令与梯形图指令有严格的对应关系,而梯形图的连线又可把指令的顺序予以体现,有了梯形图就可将其翻译成助记符程序,具体如下:

地址	指令	变量
0000	LD	X000
0001	OR	X010
0002	ANI	X001
0003	OUT	Y000
0004	END	

　　反之根据助记符,也可画出与其对应的梯形图。

　　如果仅考虑逻辑控制,梯形图与电气原理图也可建立起一定的对应关系。如梯形图的输出(OUT)指令,对应于继电器的线圈,而输入指令(如 LD、AND、OR)对应于接点,主控指令(MC、MCR)可看成总开关,等等。这样,原有的继电控制逻辑,经转换即可变成梯形图,再进一步转换,即可变成语句表程序。

有了这个对应关系,用 PLC 程序代表继电逻辑是很容易的。这也是 PLC 技术对传统继电控制技术的继承。

【思考与讨论】

操作运行模块系统,了解各工作单元的功能和工作特点。你能总结出生产线系统必备的要素吗?

高度自动化生产模式可以取代人的劳动吗?如何看待高度自动化生产与人们就业的矛盾。

8.2.2 机器人

机电一体化的发展产生了机器人,机器人的研究又促进了机电一体化技术的进步。机器人学的进步和应用是 20 世纪自动控制最有说服力的成就,是当代最高意义上的自动化。机器人技术综合了多学科的发展成果,从某种意义上讲,一个国家机器人技术水平的高低反映了这个国家中综合技术实力的高低。机器人是一种自动化的机器,所不同的是这种机器具备一些与人或生物相似的智能能力,如感知能力、规划能力、动作能力和协同能力,是一种具有高度灵活性的自动化机器。以机器人为代表的机电一体化产品,是利用位移和角度传感器获得信息,由计算机进行力及其他操作量的计算,驱动"手足"等各部分运动来实现操作的。它们是由程序控制,具有人和生物的某些功能,可以代表人进行工作的机器。一个机器人系统一般由机械手(执行机构)、控制器、作业对象和环境四部分组成。从控制方式上看,机器人可分为按固定程序动作的机器人,即示教再现方式工作的机器人和智能机器人。工业生产中应用的机器人大多属于以示教再现方式工作的机器人。

1. 工业机器人

工业机器人是一种可以重复编程的多功能机械手,"重复编程"和"多功能"是工业机器人区别于各种单一功能机器人的两大特征。"重复编程"是指机器人能按照所编程序进行操作并能改变原有程序,从而获得新功能以满足不同的制造任务。"多功能"则指可以通过重复编程和使用不同的执行机构去完成不同的制造任务。

1) 工业机器人的组成

(1) 执行系统:由手部、腕部、臂部、立柱和行走机构组成,作用是将物体或工具传送到预定的工作位置。

(2) 驱动系统:用来驱动执行机构的传动装置,常用液压传动、气压传动和伺服电机传动。

(3) 控制系统:用来控制驱动系统,使执行系统按照预定的要求进行工作。对于示教再现型工业机器人来说,是指示教、存储、再现、操作等环节的控制系统。

(4) 检测机构:利用各种检测器、传感器对执行机构的位置、速度、方向、作用力及温度等进行监视和检测,并反馈给控制系统以判断运动是否符合要求。

(5) 周边设备:泛指工业机器人执行任务所能到达的工作环境、协助机器人完成工作任务或者对机器人正常工作产生影响的各种设备。

2）工业机械臂

实验室的机械臂为二自由度机械臂和四自由度机械臂。二自由度机械臂只有两个旋转运动关节,在第二个旋转运动关节的末端安装了笔和笔架便于验证机械臂末端的运动轨迹;四自由度机械臂在二自由度机械臂的基础上增加了直线升降关节、手爪旋转关节和电磁手爪,能够实现零件的抓取和搬运。机械臂集成有 4 轴运动控制器、电机及其驱动、电控箱、机械手等部件。各部件全部设计成相对独立的模块,便于面向不同实验进行重组。

机械部分的旋转关节,使用交流伺服电机和谐波减速器驱动。直线关节,采用交流伺服电机和滚珠丝杠驱动。交流伺服电机运转平稳,输出力矩恒定,过载能力强,加速性能好,可以取得很高的控制精度,控制精度可达 $0.036°$,远高于步进电机。谐波减速传动是一种依靠齿轮的弹性变形运动来达到传动目的的新型传动方式,它具有重量轻、结构简单、传动比大、承载力强、运转平稳和运动精度高等特点,广泛用于工业机器人关节传动领域。滚珠丝杠将电机的旋转运动转化为直线运动,具有传动效率高、运行平稳等优点,设计中使用精密滚珠丝杠在 Z 轴方向上也取得较高的控制精度。关节控制轴上还安置了光电式限位开关,结合电机上的增量光电编码器作为机器人控制轴的相对位置定位,并能在硬件上确保关节轴不超出其行程范围,保证了机器人本体和操作者的安全。控制装置由 PC、运动控制卡和相应驱动器等组成。运动控制卡接收 PC 发出的位置和轨迹指令,进行规划处理,转化成伺服驱动器可以接收的指令格式,发给伺服驱动器,由伺服驱动器进行处理和放大,输出给执行装置。控制装置和电机(执行装置)之间的连接示意如图 8-5 所示。

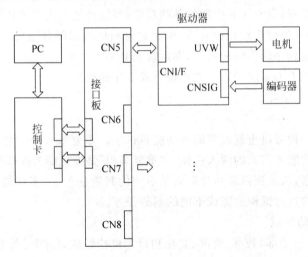

图 8-5　运动控制器(半)闭环控制连接示意图

3）图形示教再现

工业机器人常用的编程方式有示教再现和机器人语言编程两种。由于示教再现编程方式简单直观,而且操作方便,因此现代机器人都有示教再现的编程功能。对商用机器人,通常都配备有专用的手持式示教编程面板。用户可以用手持示教面板。对机器人进行示教编程。

4）机械臂的网络控制系统

为了提高学生对工业机器人的学习兴趣和培训效率,我们将 4 台两自由度机械臂连成资源共享的网络控制系统,由 1 套 8 轴嵌入式网络运动控制器通过网络 HUB,将 8 台或 16 台学生实验计算机联机控制。学生控制计算机通过向教师监控计算机申请需要实际控制的机器人,教师也可以通过监控计算机指定哪几套机器人能用来做实验。

机械臂具有多种绘图控制方式:

(1) 应用计算机编程语言方式控制机械臂绘制各种图形(见图 8-6);

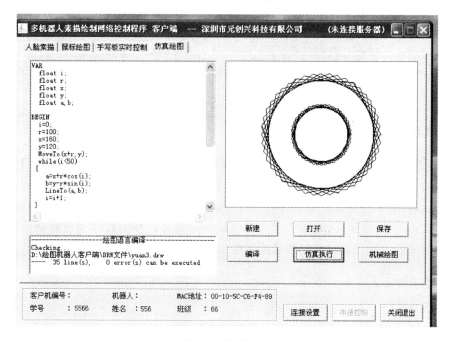

图 8-6　编程绘图

(2) 应用计算机鼠标绘制图形;

(3) 应用手写板通过计算机绘制图形(见图 8-7);

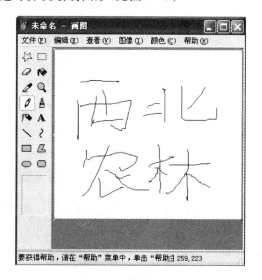

图 8-7　手写板绘图

（4）通过数码照相机或摄像头拍摄照片，然后提取图像轮廓点阵图形，绘制素描图像（见图8-8）。

图8-8　摄像素描

2. 扑翼机器人

人类最古老的梦想之一，就是能够肩插双翅像鸟一样自由飞翔，而扑翼机器人（见图8-9）正是人类这种美好愿望的寄托。与传统的固定翼和旋翼飞行器相比，扑翼飞行器的主要特点是将升力、悬停、推进功能集成于扑翼系统中，可以用很少的能量进行远距离飞行，同时具有高效率、高机动性、低噪声、无须专用起飞着陆场地等等。扑翼机器人设计制造源于新材料、新能源技术的进步和自动控制技术的不断发展。

3. 宝贝车机器人

宝贝车机器人（见图8-10）集单片机、传感器、控制电路和伺服电机于一体，组成最基本的机器人系统。单片机称为单片微型计算机（MCU），它不仅是完成一个逻辑功能的芯片，而且把一个计算机系统集成到一个芯片上。它包括中央处理器（CPU）、数据存储器（RAM）、程序存储器（ROM）、定时器/计数器和多种接口电路。凭借其体积小、质量轻、价格便宜，为学习、应用和开发提供了便利条件。目前单片机渗透到我们生活的各个领域，几乎很难找到哪个领域没有单片机的踪迹。如导弹的导航装置，飞机上各种智能仪表的控制，计算机网络通信与数据传输，工业自动化过程的实时控制和数据处理，广泛应用的各种智能IC卡，民用豪华轿车的安全保障系统，录像机、摄像机、全自动洗衣机的控制，程控玩具、电子宠物，以及应用机电一体化技术的机器人、智能仪表、医疗机械等。

图8-9　扑翼机器人　　　　　　　　图8-10　宝贝车机器人

宝贝车机器人采用 AT8S52 单片机,它是一种高性能 CNOS、低功耗的 8 位单片机,片内含有 8K bytes Flash,运用 ISP 软件可反复擦除 1000 次以上,可以用汇编语言或 C 语言编程。

宝贝车机器人可选用触觉开关、麦克风、霍尔元件、红外探头等多种传感器作为信号采集装置。传感器检测信号经过信号处理电路送入单片机接口,经存储程序识别比较,自动选择控制程序,输出接口输出控制脉冲,驱动伺服电机带动宝贝车行走。宝贝车机器人行走虽然需固定程序控制,但由于传感系统及判断比较程序的作用,赋予机器人部分智能,使机器人具有巡航控制、触觉导航、光敏导航、红外导航和自动测距等功能。

4. 自主移动机器人

智能型自主移动机器人融小车机械、机器人、单片机、数据融合、精密仪器、实时数字信号处理、图像处理与图像识别、知识工程与专家系统、决策、轨迹规划、自组织与自学习理论、多智能体协调以及无线通信等理论和技术于一体,是一个光机电一体化的技术密集型项目。自主移动机器人既是一个典型的智能机器人系统,又为研究发展多智能体系统、多机器人之间的合作与对抗提供了生动的研究模型,从而有效地促进了各个领域的发展。其中的理论与技术可应用于工业生产、自动化流水线、救援、教育等实践领域。

5. 高级智能机器人和拟人机器人

智能机器人是具有感知、思维和行动功能的机器,是机构学、测试技术、制造技术、自动控制、计算机、人工智能、微电子学、光学、通信技术、传感技术、仿生学等多种学科和技术的综合成果。而拟人机器人是在形状和动作以及智能水平与人类相似的机器人,能双足行走实现移动功能是它的主要特征。

图 8-11 所示的拟人机器人是日本科学家石黑浩制造的。"复制人一号"代表着人类的机器人技术已经发展到一个新的巅峰,"她"上身可以在 30°范围内自由转动,"她"在神态、外型和举止上几乎和真人一模一样,不但能够在一定环境中迷惑人类一阵子,还能与人类交流,对任何触摸到"她"的人做出反应。当有人提出问题时,"她"的眼睛会眨动,眼神会改变方向,表明在思考答案;如果开始作答,口型会随着发音的不同而改变。目前,如何让"复制人一号"的口型有更多变化还是一个没有完全解决的难题,石黑浩认为,日语发音比英语发音要求更多的嘴部运动,因此,完美的拟人机器人可能会说的第一门语言是英语。

图 8-11　复制人一号

(1) 更敏感的触觉:"复制人一号"的皮肤目前仅仅具有外观真实感,在触觉感知能力上还差得很远,但科学家已经找到如何让机器人拥有与真人皮肤类似的灵敏触觉。制成后的机器替身将从头到脚都被类似人类皮肤的硅化物覆盖。

(2) 更真实的肌肉:导电塑料不仅可以用来制造电子人工皮肤,用它制造出来的人造肌肉也可以通过电化学方法进行控制,使之膨胀和收缩。利用这种技术,科学家能制造出类似人类的机器肢体,机器人将可以更加灵活地做出各种复杂的动作,且无须马达、齿轮等复杂装置。

实验过程中,人造肌肉伸缩率可达 15％,相当于人的肌肉 20％ 的伸缩率。人造肌肉中一根管状导电塑料可承重 20g,1600 根绑在一起可承重 20kg。如人造肌肉体积和人的肌肉相同,其力量可达后者的 100 倍。另外,美国科学家也通过导电塑料、硅树脂和丙烯酸等材料制造出了伸缩能力更强的人造肌肉。

(3) 更复杂的表情:人造肌肉与人造皮肤的发展更丰富了机器人的表现力。2003 年,美国科学家就制造出一个名叫 K-bot 的机器人,它能表达 28 种面部表情,包括微笑、嘲笑、皱眉甚至是扬眉。此外,它的嘴唇、脸颊和鼻子都能移动。K-bot 机器人的眼睛里装有两部照相机,以便对眼前的人进行观察并对其表情作出辨别,随后模仿出悲伤、高兴或惊讶等不同的面部动作。

除了上述这些进步,更高性能的视觉和触觉传感器以及计算机图像识别技术的发展,都为制造更像人类的机器人提供了技术上的支持。已有科学家将精力集中在机器人的社会化上,即如何实现机器人与机器人之间、机器人与人类之间的交流与互动上。

我们期待,随着科学发展和技术进步,能够有真正的由机器构成的人出现。从目前的技术水平来看,拟人机器人高效率的能量供给系统,平稳可靠的运动系统和行走系统,传感器尤其是触觉、味觉、嗅觉,高级智能,模糊识别等,还需人们经过不懈的努力才能解决。

【思考与探索】

机器人耀眼且诱人,机电一体化技术贡献给人们的不是供人们观赏的玩物,而是人类智慧的结晶,是人类能力的极大释放。机器人能替代或超过人吗?

尝试操作一下机器人。你会发现它的不少缺点和毛病,指出它的缺陷是你的进步,能提出改进建议或较具体的措施,那时你就已成为机器人工程师了!

参 考 文 献

[1] 郑红梅. 工程训练. 北京：机械工业出版社,2009

[2] 傅水银,李双寿. 机械制造实习. 北京：清华大学出版社,2009

[3] 李志宁(译者). 大工业与中国. 南昌：江西人民出版社,2010

[4] 刘仙洲. 中国机械工程发明史(第一编). 北京：科学出版社,1962

[5] 杜石然,范楚玉. 中国科学技术史稿(上、下册). 北京：科学出版社,1982

[6] 自然科学史研究所. 中国古代科技成就. 北京：中国青年出版社,1978

[7] 郭同智. 透视我国质量管理发展与现状. 科学与管理,2004(4)

[8] 董文尧. 质量管理学. 北京：清华大学出版社,2006

[9] 李长河. 机械制造基础. 北京：机械工业出版社,2009

[10] 范全福. 金属工艺学实习教材. 北京：高等教育出版社,1986

[11] 清华大学金属工艺学教研室. 金属工艺学实习教材(第2版). 北京：高等教育出版社,1994

[12] 陈培里. 金属工艺学实习指导. 杭州：浙江大学出版社,1996

[13] 邓文英. 金属工艺学(第4版). 北京：高等教育出版社,2009

[14] 张宝忠. 现代机械制造技术基础实训教程. 北京：清华大学出版社,2004

[15] 王永章等. 数控技术. 北京：高等教育出版社,2002

[16] 王爱玲等. 现代数控机床. 北京：国防工业出版社,2003

[17] 田坤. 数控机床与编程. 武汉：华中科技大学出版社,2001

[18] 陈吉红,杨克冲. 数控机床实验指南. 武汉：华中科技大学出版社,2003

[19] 袁名伟,陈晓曦. 现代制造实验. 北京：国防工业出版社,2007

[20] 马宏伟. 数控技术. 北京：电子工业出版社,2010

[21] 余英良. 数控加工编程及操作. 北京：高等教育出版社,2005

[22] 王贵成,张银喜. 精密与特种加工. 武汉：武汉理工大学出版社,2001

[23] 丁文霞,陆珉,刘安芝. 电子技术基础实验与课程设计. 北京：电子工业出版社,2002

[24] 王信义. 机电一体化技术手册. 北京：机械工业出版社,1996

[25] 李朝青. 单片机原理及接口技术. 北京：北京航空工业大学出版社,2005

[26] 丁镇生. 传感器及传感技术应用. 北京：电子工业出版社,1998

[27] 廖常初. 可编程序控制器应用技术(第四版). 重庆：重庆大学出版社,1992

[28] 高钦和. 可编程序控制器应用技术与设计实例. 北京：人民邮电出版社,2004

[29] 周立功. ARM嵌入式系统基础教程. 北京：北京航空航天大学出版社,2005

[30] 孟庆鑫,王晓东. 机器人技术基础. 哈尔滨：哈尔滨工业大学出版社,2006

[31] 陈恳. 机器人与应用. 北京：清华大学出版社,2009

[32] 卢达溶. 工业系统概论. 北京：清华大学出版社,2006

参考文献